室内设计项目管理手册

方峻 编著

Interior Design
Project
Management
Manual

inSIDE deSign 设计有约 15

华中科技大学出版社
http://www.hustp.com
中国·武汉

图书在版编目(CIP)数据

室内设计项目管理手册 ／ 方峻编著. － 武汉 ： 华中科技大学出版社，2022.7（2023.3重印）
ISBN 978-7-5680-8359-1

Ⅰ．①室… Ⅱ．①方… Ⅲ．①室内装饰设计－项目管理－手册 Ⅳ．①TU238.2-62

中国版本图书馆CIP数据核字(2022)第091270号

室内设计项目管理手册

Shinei Sheji Xiangmu Guanli Shouce

方 峻 编著

出版发行：华中科技大学出版社（中国·武汉）　　　　　电话： （027）81321913
　　　　　武汉市东湖新技术开发区华工科技园　　　　　　邮编：430223
出 版 人：阮海洪

责任编辑：赵　萌　　　　　　　　　　　　　　　　　装帧设计：段自强
责任校对：段园园　　　　　　　　　　　　　　　　　责任监印：朱　玢

印　　刷：湖北新华印务有限公司
开　　本：710 mm × 1000 mm　　1/16
印　　张：13
字　　数：280千字
版　　次：2023年3月第1版第2次印刷
定　　价：88.00元

投稿热线：13710226636（微信同号）
本书若有印装质量问题，请向出版社营销中心调换
全国免费服务热线：400-6679-118　竭诚为您服务

系统化、标准化的项目管理
才能让艺术创意更好地呈
现，方峻编著的《室内设计
项目管理手册》让读者在室
内设计的感性与理性两个范
畴间找到融合与平衡。

王君友
思城控股有限公司（股份代号：1486）执行董事
LWK + PARTNERS 梁黄顾建筑设计（深圳）有限公司董事长
国家一级注册建筑师
高级建筑师
深圳大学建筑与城市规院学院专业硕士研究生校外导师
深圳勘察设计行业协会 常务理事
深圳注册建筑师协会 理事

说起老友方峻，熟悉他的人
常会联想到他的那份执着，
《室内设计项目管理手册》
一书无不体现着他对项目管
理的专业与热爱。

吴波
牛顿商学院中欧时尚研究院院长
英国皇家艺术学会院士
意大利米兰理工大学 POLI.design 荣誉院士
香港时尚联合会主席
澳门时尚产业联合会执行会长

系统化的全过程项目管控，
是确保项目愿景的根基。
《室内设计项目管控手册》
简明实用，让项目管控更科
学、更高效。

林文洁
北京建筑大学建筑与城市规划学院教授、博士研究生导师
中国建筑学会环境行为学术委员会常务委员
中国建筑学会适老性建筑学术委员会委员
中国建筑学会无障碍专业委员会委员
中国老年保健协会老年人健康环境专委会常务委员
中国老年学和老年医学学会标准化委员会专家委员

目　录

1

住 宅 地 产
精 装 设 计

项目管理体系

1.1 一级 SOP 管理流程（详见表 1-1）

表 1-1 住宅地产精装设计项目管理体系一级 SOP 管理流程

序号	流程 / 协同人员	商务	项目主管	项目经理	财务	地产精装事业中心	集团总经理	外协公司
1	项目交接	项目交接 →	接收项目 →	接收项目				
2	整理甲方提资		整理甲方提资；确定工作范围、确认 BIM 标准					
3	预备启动会		预备启动会[1]					
4	甲、乙、丙方"项目技术与管理信息周报"存储管理			技术与管理信息周报按时存放于 OSS				
5	甲方启动会		项目经理约甲方汇报项目情况，明确提资以及工作范围			参会		
6	商务合同及补充协议（变更）（**）	与甲方签订合同 / 补充协议（变更）						
7	产品与服务外购招标（*）		产品与服务外购招标					
8	正式启动会（*）		启动会；专业协同流程及节点拉通[1]					
9	供应商入库					供应商入库		
10	产品与服务外购（丙方）合同签订		产品与服务外购（丙方）合同签订					
11	丙方付款管理（*）		走付款流程		支付款项			
12	设计工作外协（概念）					概念方案设计		
13	方案设计（内部）		概念方案设计					
14	多专业条件对接（*）		多专业条件对接					
15	设计成果内审（概念）（*）					概念方案内审（事业部总监）		
16	汇报路演		路演汇报			参会	参会	
17	设计汇报（概念）（*）			概念方案汇报				
18	分阶段设计成果（概念）调整并提交确认（**）		方案调整[2]					

续表 1-1

序号	协同人员 流程	商务	项目主管	项目经理	财务	地产精装事业中心	集团总经理	外协公司
19	请款（设计过程）（*）		提交请款资料³		开具发票			
20	丙方付款（*）		走付款流程		支付款项			
21	设计工作外协（深化）					深化方案设计		
22	设计工作外协（照明）							照明设计
23	设计工作外协（机电/消防）（*）							机电/消防设计
24	深化设计（内部）			深化方案设计				
25	深化阶段BIM模型			深化阶段BIM模型				
26	效果图管理（*）					效果图体系管理		
27	深化方案内审（*）					深化方案内审（事业部总监）		
28	设计成果内审（照明）（*）					照明内审（事业部总监）		
29	汇报路演（*）		路演汇报			参会	参会	
30	设计汇报（深化）（*）			深化方案汇报				
31	分阶段设计成果（深化）调整并提交确认（**）			方案调整²				
32	设计工作外协（施工图）（*）							施工图设计
33	分包管理（*）					分包管理		
34	施工图设计（CAD)			施工图设计				
35	施工图设计（BIM)（**）							施工图设计
36	设计成果内审（施工图）（*）					施工图内审（施工图总监）		

续表 1-1

序号	协同人员 / 流程	商务	项目主管	项目经理	财务	地产精装事业中心	集团总经理	外协公司
37	设计成果内审（机电/消防）（*）		根据合同进行请款			机电/消防内审（事业部总监）		
38	分阶段设计成果（施工图）调整并提交确认（**）			施工图调整 2				
39	请款（设计过程）（*）		提交请款资料		开具发票			
40	丙方付款管理（*）		走付款流程		支付款项			
41	技术（设计）变更			技术（设计）变更 4				
42	施工现场配合（现场服务/巡场服务）			施工现场配合（现场服务/巡场服务）5				
43	竣工图设计			竣工图设计				
44	设计资质盖章/报审跟踪（**）		盖章/报审跟踪					设计资质盖章/报审
45	拍照管理及推广		预约摄影师	跟进拍照流程				
46	丙方付款管理（*）		走付款流程		走付款流程			
47	产品落地及推广			产品落地及推广				
48	丙方付款管理（*）		走付款流程		走付款流程			
49	预备结案会		梳理资料，进行预备结案 6					
50	请款（项目竣工）		提交请款资料		开具发票			
51	结案会		梳理资料，进行结案会 6					

注释：

1 参考文件：【XX项目】关键管理信息表；项目分包资源计划表；项目管理全景计划（模板 - 设计）；【XX项目】运营费用统计表（设计）；【XX项目】架构干系图；【XX项目】甲方架构干系图；精装设计项目工作分配干系图；套标项目管控表；设计 / 非合同项目立项联审；【XX项目】经理委任书。

2 参考文件：【XX项目】工作成果文件签收函。

3 参考文件：【XX项目】请款函；【XX项目】发票签收函。

4 参考文件：【XX项目】工作成果文件签收函；【XX项目】设计变更通知单；【XX项目】设计变更通知单；【XX项目】设计变更通知单；【XX项目】调整意见反馈函。

5 参考文件：会议纪要；【XX项目】出差记录单；【XX项目】现场服务报告。

6 参考文件：设计项目结案概况；设计项目运营架构及干系图；设计项目管理全景计划表；设计项目分包资源计划表；设计项目财务与指标管理表；设计项目汇总结案；设计项目运营费用结算表；分包结果质量评价表。

7 标注有 * 的流程为选用流程。

8 标注有 ** 的流程为通用流程。

1.2 精装设计项目管理体系信息汇总表（详见表 1–2）

表 1–2 住宅地产精装设计项目管理体系信息汇总表

序号	阶段名称	一级 SOP	二级 SOP	应用 OA	管理文件应用范本	设计文件应用范本
1	项目启动 1	1 项目交接		项目部工作任务委派		
2		2 整理甲方提资（BIM）	2.1 工作需求确认			
3			2.2 BIM 标准确认		【XX 项目】面积测量统计表	
4		3 预备启动会			【XX 项目】概况表；项目分包资源计划表；项目管理全景计划（模板 – 设计）；【XX 项目】运营费用统计表（设计）；【XX 项目】架构干系图；【XX 项目】甲方架构干系图；精装设计项目工作分配干系图；套标项目管控表；设计 / 非合同项目立项联审；【XX 项目】经理委任书	
5		4 甲、乙、丙方"项目技术与管理信息周报"存储管理		项目经理团队工作周报流程		
6		5 甲方启动会（BIM）			【XX 项目】概况表（甲方启动会）；甲方全景计划项目管理全景计划（模板 – 设计）（甲方启动会）；【XX 项目】架构干系图（甲方启动会）；会议纪要	
7	甲方合同	6 商务合同及补充协议（变更）（**）	6.1 工作范围复核			
8			6.2 报价评审会			
9			6.3 项目报价	项目报价审核		
10			6.4 报价洽谈 / 敲定		项目沟通技巧手册	
11			6.5 合同 / 补充协议拟定跟踪			
12			6.6 合同 / 补充协议签订归档	甲方合同及补充协议审批；证照章借用申请		
13	招标	7 产品与服务外购招标（*）	7.1 招标邀请		【XX 项目】设计项目产品投标询价表	
14			7.2 招标答疑			
15			7.3 回标与评审			
16			7.4 招标定审会			
17			7.5 落标感谢函			

续表 1-2

序号	阶段名称	一级 SOP	二级 SOP	应用 OA	管理文件应用范本	设计文件应用范本
18	项目启动 2	8 正式启动会（BIM）（*）	8.1 启动会资料预审	设计及非合同项目立项联审	【XX 项目】概况表；项目分包资源计划表；项目管理全景计划（模板 – 设计）；【XX 项目】运营费用统计表（设计）；【XX 项目】架构干系图；【XX 项目】甲方架构干系图；公区设计项目工作分配干系图；套标项目管控表；设计 / 非合同项目立项联审；【XX 项目】经理委任书；甲方设计提资梳理表	
19			8.2 专业协同流程及节点拉通			
20			8.3 上会			
21			8.4 定审文件走 OA 并存档 OSS	设计及非合同项目立项联审		
22		9 供应商入库	9.1 入库申请	分包商入库管理流程		
23			9.2 入库审批	用章及证件管理流程		
24	概念设计	10 产品与服务外购（丙方）合同签订	10.1 合同申请			
25			10.2 合同审批	用章及证件管理流程		
26		11 丙方付款管理（*）	11.1 丙方付款管理（*）			
27			11.2 甲方确认工作成果			
28			11.3 丙方提供请款文件与发票			
29			11.4 申请付款 OA 并支付	费用支付		
30		12 设计工作外协（概念）	12.1 外协管理启动会	内部工作通报函		
31			12.2 正式交接手续			精装样板房；售楼部；公区；架空层；创意样板房
32			12.3 设计成果工作过程管理（外协）			
33		13 方案设计（内部）				
34		14 多专业条件对接（BIM）（*）	14.1 室内格局及建筑砌体拉通			技术文件前置条件范本
35			14.2 卫生间 / 厨房上下水条件拉通			
36			14.3 风井 / 管井条件拉通			
37			14.4 强弱电设备末端条件拉通			
38			14.5 特殊配置需求条件拉通（新风、地暖、毛细管网等）			
39			14.6 地库光厅 / 大堂 / 公区专项条件拉通（净高、消防、电梯等）			

续表 1-2

序号	阶段名称	一级 SOP	二级 SOP	应用 OA	管理文件应用范本	设计文件应用范本
40	概念设计	15 设计成果内审（概念）(*)	15.1 方案内审会	设计/软施阶段成果内审		
41			15.2 方案调整并 OA 审定			
42		16 汇报路演 (*)				
43		17 设计汇报（概念）(*)			设计项目汇报应用技巧	
44		18 分阶段设计成果（概念）调整并提交确认 (**)	18.1 调整			
45			18.2 内审			
46			18.3 甲方确认			
47			18.4 加密提交		【XX 项目】工作成果文件签收函	
48		19 请款（设计过程）(*)	19.1 甲方确认请款申请文件			
49			19.2 财务开票申请	开票申请 OA		
50			19.3 请款文件盖章申请	用章及证件管理流程		
51			19.4 请款文件邮寄并确认签收			
52			19.5 手续归档 OSS		【XX 项目】请款函（一般甲方有自己的格式）；【XX 项目】发票签收函	
53		20 丙方付款 (*)	参见丙方付款管理（通用）			
54	深化设计	21 设计工作外协（深化）	参见设计工作外协（通用）			
55		22 设计工作外协（照明）	参见设计工作外协（通用）			
56		23 设计工作外协（机电/消防）(*)	参见设计工作外协（通用）			
57		24 深化设计（内部）				
58		25 深化阶段 BIM 模型（内部）				
59		26 效果图管理 (*)	26.1 效果图分类		效果图管理规章制度	
60			26.2 查询汇总表		20XX 年效果图素材库汇总表	
61			26.3 公司标准素材库选定		公区标准化模型	
62			26.4 效果图制作		效果图制作流程	
63			26.5 新素材管理			
64		27 设计成果内审（深化）(*)	参见设计成果内审（通用）(*)			
65		28 设计成果内审（照明）(*)				
66		29 汇报路演 (*)				
67		30 设计汇报（深化）(*)				
68		31 分阶段设计成果（深化）调整并提交确认 (**)	参见分阶段设计成果（通用）调整并提交确认		【XX 项目】工作成果文件签收函	
69		32 请款（设计过程）(*)				

续表 1-2

序号	阶段名称	一级 SOP	二级 SOP	应用 OA	管理文件应用范本	设计文件应用范本
70	施工图设计	33 设计工作外协（施工图）（*）	参见设计工作外协（通用）			
71		34 施工图设计（CAD）	34.1 方案/深化设计提资梳理			文件范本
72			34.2 公司施工图设计规范梳理			
73			34.3 施工图设计排版策划			
74		35 施工图设计（BIM）（**）	35.1 BIM 模型搭建及多专业整合			制图规范
75			35.2 多专业信息交互，落地留档			
76			35.3 模块化应用反馈			
77		36 设计成果内审（施工图）（*）	参照设计成果内审（通用）流程	设计/软施阶段成果内审		
78		37 设计成果内审（机电/消防）（*）				
79		38 分阶段设计成果（施工图）调整并提交确认（**）	参照设计成果内审（通用）流程		【XX 项目】工作成果文件签收函（注：在甲方合同及款项滞后情况下索要施工图：A 类客户提交施工图电子版或者白图；B 类客户提交施工图电子加密版）	
80		39 请款（设计过程）（*）	39.1 甲方确认请款申请文件			
81			39.2 财务开票申请	开票申请 OA		
82			39.3 请款文件盖章申请	用章及证件管理流程		
83			39.4 请款文件邮寄并确认签收			
84			39.5 手续归档 OSS			
85		40 丙方付款管理（*）	参见丙方付款管理（通用）			
86		41 技术（设计）变更（BIM）（*）	41.1 变更需求确定		【XX 项目】工作成果文件签收函；【XX 项目】设计变更通知单；【XX 项目】设计变更通知单（CAD-A4 模板，有时甲方提供）；【XX 项目】设计变更通知单（CAD 版本）；【XX 项目】调整意见反馈函	
87			41.2 BIM 核对变更可实施性			
88			41.3 变更方案/深化/施工图设计初稿与内审 OA			
89			41.4 根据甲方意见调整图纸及 BIM 模型并确认			
90			41.5 终稿内审 OA			
91			41.6 加密与提交并存档			

续表 1-2

序号	阶段名称	一级 SOP	二级 SOP	应用 OA	管理文件应用范本	设计文件应用范本
92	施工现场配合	42 施工现场配合（现场服务 / 巡场服务）（BIM)	42.1 设计交底会议		会议纪要	
93			42.2 BIM 指导现场实施		文件范本	
94			42.3 BIM 确认现场调改实施性			
95			42.4 现场配合函接收			
96			42.5 现场配合计划拟定			
97			42.6 提交 OA 申请	出差申请	【XX 项目】出差记录单	
98			42.7 现场配合 / 精装设计履勘报告并存档 OSS		【XX 项目】现场服务报告	设计监造履勘报告书文件范本
99		43 竣工图设计	43.1 现场复尺			
100			43.2 现场变更汇总			
101			43.3 竣工图合图设计			竣工图合图设计范本
102			43.4 竣工（设计）模型确认			文件范本
103			43.5 竣工图内审	设计 / 软施阶段成果内审		
104		44 设计资质盖章 / 报审跟踪（**）	44.1 提报盖章单位			
105			44.2 根据盖章单位意见调整竣工图			
106			44.3 送审			
107			44.4 根据送审意见调整竣工图			
108			44.5 提交通过			
109			44.6 内部 OA 存档			
110	项目摄影	45 拍照管理及推广	45.1 预约摄影师			
111			45.2 设计师推文提资及答疑			
112			45.3 推文初稿评审			
113			45.4 摄影师交底会			
114			45.5 现场摄影及协调			
115			45.6 选图管理			
116			45.7 推文制作			
117			45.8 短视频制作			
118			45.9 分享推广			
119		46 丙方付款管理（*）	参见丙方付款管理（通用）			

续表 1-2

序号	阶段名称	一级 SOP	二级 SOP	应用 OA	管理文件应用范本	设计文件应用范本
120	项目虚拟样板间	47 产品 VR 制作及推广	47.1 虚拟样板间需求确认（业绩分享）			
121			47.2 推文初稿评审			
122			47.3VR 制作团队选用			
123			47.4 虚拟样板间搭建			
124			47.5 成果外审			
125			47.6VR 设备租赁			
126			47.7 推文及短视频制作			
127			47.8 分享推广			
128		48 丙方付款管理（*）	参见丙方付款管理（通用）			
129	结案	49 预备结案会	49.1 结案资料预审			
130			49.2 上会		设计项目结案概况；设计项目运营架构及干系图 AA02；设计项目管理全景计划表 AB02；设计项目分包资源计划表 AE02；设计项目财务与指标管理表；设计项目汇总结案；设计项目运营费用结算表 AD03；分包结果质量评价表	
131			49.3 定审文件走 OA 并存档 OSS			
132		50 请款（项目竣工）	参见请款（通用）流程			
133		51 结案会	参见预结案流程			
	步骤合计	51	119	20	56	11

1.3 二级 SOP 管理流程（详见表 1-3）

表 1-3-1 商务中心业务规划及合同管理流程 SOP

序号	时间节点	甲方	公司商务专员/主管	集团商务专员/主管	集团商务经理	事业中心	公司财务	项目经理	法务	综合管理中心	集团总经理
1	工作范围复核		接收相关信息，开展工作	项目编号、名称拟定，发起委派流程至地区项目经理	审定			接收相关信息，梳理项目情况		后台信息录入	审定
2	报价评审会		配合项目经理对面积资料进行报价整理，特殊情况及时组织相关领导进行会议讨论		审定			核对（面积范围、非公司业务范围内的外包服务咨询、时间计划、人员计划、投标资料等）			审定
3	项目报价	甲方确认我方服务范围及报价，并发起相关审定流程	服务计划书、投标文件等资料整理，发起流程，配合甲方完成项目线上招标或者线下招标流程	监管跟踪				协助跟踪		盖章、封标寄出等配合	
4	报价洽谈/敲定	甲方内部对设计单位进行选择审定	定期跟踪报价，确保甲方对项目报价流程的推进；同甲方办理委托手续，开展下一阶段合同办理工作	协同				催办项目金额确认及委托手续及合同手续，同时根据情况开展项目工作			
5	合同/补充协议拟定跟踪		查看合同内容，对非战略合同摘录重要合同条款，与甲方对不利条件沟通谈判；定期跟踪，每周汇报，确保甲方对合同流程的推进	合同摘录并审核	对合同价格等条款审核	对合同内设计内容、成果等约定条款审核	对合同税率、赔偿违约条款等审核	公司技管及项目经理对合同内设计内容、成果、时间等约定条款审核	对任何非我方委托第三方的设计承担连带责任评估；合同条款与招标条款的一致性评估；客户风险评估		审定
6	合同/补充协议签订归档	甲方接收我方合同，并进行合同盖章	办理合同签订手续	审核、盖合同章收寄归档登记并上传钉流程提示各地区及财务		审核				归档	审核

表 1-3-2 产品与服务外购招标 SOP

序号	时间节点	甲方	项目主管	项目经理	财务	地区总监	事业中心	分包商
1	招标邀请		邮件形式发起招标					
2	投标						电邮抄送	3 家或 3 家以上分包参与投标
3	招标答疑			针对招标产品的材质、细节以及制作周期、付款比例等进行答疑；并且会后整理成会议纪要				
4	回标与评审			回标与评审				
5	招标定审会			以邮件的形式将会议纪要发送给团队成员				
6	落标感谢函		确认分包后以电邮的形式告知分包商				电邮抄送	电邮告知（包括落选单位）

表 1-3-3 请款（设计过程）SOP

序号	时间节点	甲方	项目主管	项目经理	商务	财务	地区总监	事业中心
1	甲方确认请款申请文件	确认请款申请文件						
2	财务开票申请		请款			开具发票	跟进及监督	
3	请款文件盖章申请		请款文件盖章申请					
4	请款文件邮寄并确认签收	请款文件邮寄并确认签收						
5	手续归档 OSS		手续归档 OSS					

表 1-3-4 丙方付款管理 SOP

序号	时间节点	甲方	项目主管	项目经理	商务	财务	地区总监	事业中心	丙方
1	根据外购合同条款申请定金付款（*）		根据外购合同条款申请定金付款						
2	甲方确认工作成果	甲方确认工作成果							
3	丙方提供请款文件与发票								丙方提供请款文件与发票
4	申请付款 OA 并支付		申请付款 OA			支付			

表 1-3-5 分阶段设计成果调整并提交确认 SOP

序号	流程节点	甲方	项目主管	项目经理	事业中心总办专员	事业中心施工图总监	事业中心总经理	高级总监	丙方
1	调整			方案调整					
2	内审			钉钉完成内审流程	监督完成情况				
3	甲方确认	甲方确定方案							
4	加密提交			加密提交给甲方					

表 1-3-6 效果图管理流程 SOP

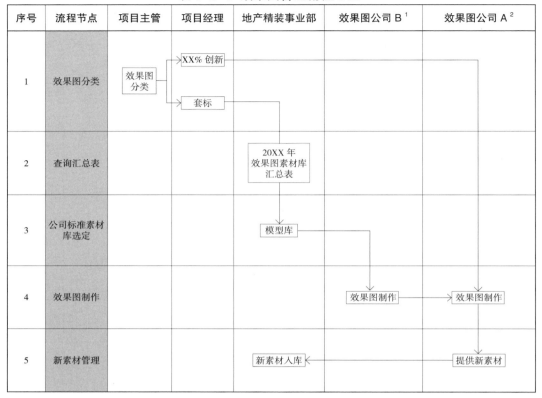

序号	流程节点	项目主管	项目经理	地产精装事业部	效果图公司 B [1]	效果图公司 A [2]
1	效果图分类	效果图分类	XX% 创新 / 套标			
2	查询汇总表			20XX 年效果图素材库汇总表		
3	公司标准素材库选定			模型库		
4	效果图制作				效果图制作	效果图制作
5	新素材管理			新素材入库		提供新素材

注释：

1   效果图公司 B：套标项目效果图公司。

2   效果图公司 A：原创项目效果图公司。

表 1-3-7 技术（设计）变更 SOP

序号	时间节点	甲方	项目主管	项目经理	商务	财务	地区总监	事业中心	丙方
1	变更需求确定	提出变更要求							
2	变更方案/深化/施工图设计初稿与内审 OA		变更方案/深化/施工图设计初稿与内审 OA						
3	根据甲方意见调整并确认			根据甲方意见调整并确认					
4	终稿内审 OA			终稿内审 OA					
5	加密与提交并存档			加密与提交并存档					

表 1-3-8 施工现场配合（现场服务 / 巡场服务）SOP

序号	时间节点	甲方	项目主管	项目经理	商务	财务	地区总监	事业中心
1	设计交底会议	设计交底会议						
2	现场配合函接收			现场配合函接收				
3	现场配合计划拟定			现场配合计划拟定				
4	提交 OA 申请			提交出差 OA 申请				
5	现场配合 / 精装设计履勘报告并存档 OSS			现场配合 / 精装设计履勘报告并存档 OSS				

表 1-3-9 竣工图设计 SOP

序号	时间节点	甲方	项目主管	项目经理	商务	财务	地区总监	事业中心
1	现场复尺			现场复尺				
2	现场变更汇总			现场变更汇总				
3	竣工图合图设计			竣工图合图设计				
4	竣工图内审							竣工图内审

表 1-3-10 设计资质盖章 / 报审跟踪 SOP

序号	时间节点	甲方	项目主管	项目经理	商务	财务	地区总监	事业中心
1	提报盖章单位	提报盖章单位						
2	根据盖章单位意见调整竣工图			根据盖章单位意见调整竣工图				
3	送审			送审				
4	根据送审意见调整竣工图			根据送审意见调整竣工图				
5	提交通过	提交给甲方通过						
6	内部OA存档			内部OA存档				

表 1-3-11 拍照管理及推广 SOP

序号	流程节点	项目经理 / 主管	项目主创	地产精装事业中心	品牌部	地区总监	摄影师	视频制作部门
1	预约摄影师		预约摄影师（需有备选方案）					
2	设计师推文提资及答疑		创作文本、过程手稿、素材、文字、平面图（角度、需求、关注点）、项目级别设定、参考图片设计师答疑、补充资料（XX 天）					
3	推文初稿评审				制作推文初稿（XX 天）/审定稿（XX 天）			
4	摄影师交底会		建立微信群以便沟通	参会	完整推文初稿（白图＋文字要求）心目中参考图片（提前 XX 个工作日通知）	参会		
5	现场摄影及协调							
6	选图管理		选图汇总（总图数不超出合同 XX%）	选图	选图	选图		
7	修图						修图	
8	推文制作				制作推文			
9	短视频制作	通知视频制作部门						制作短视频（X～X 天）
10	分享推广				分享推广			

表 1-3-12 预备结案会 SOP

序号	时间节点	甲方	项目主管	项目经理	商务	财务	事业中心	地区总监
1	结案资料预审			结案资料预审				
2	上会审批		上会审批					
3	借资冲销（*）			借资冲销				
4	定审文件走 OA 并存档 OSS		定审文件走 OA 并存档 OSS					

1.4 OA 流程（详见表 1-4）

表 1-4-1 设计项目立项联审 OA 表单模板

数据名称	数据类型	数据内容	是否必填	其他备注
项目编号	单行输入		是	发起人填写
项目名称	单行输入		是	发起人填写
项目简称	单行输入		是	发起人填写
启动会资料	多选	项目概况，项目架构干系图，项目管理全景计划，项目分包资源计划表，设计项目工作分配干系图，套标项目管控表，效果图出图管控表，施工图排版计划表，项目甲方架构干系图，项目运营费用统计表，精装设计项目经理委任书	是	发起人填写
甲方提资	多行输入		是	发起人填写
项目经理	人员		是	发起人填写
分包资源数量	数字		是	发起人填写
分包金额	金额		是	发起人填写
分包成本占比	数字		是	发起人填写
总工时	数字		是	发起人填写
套标方案类别	单行输入		是	发起人填写
甲方是否要求升级	单选	是，否	是	发起人填写
施工图应用标准	多选	施工图排版计划表（采用 20XX 年版本），甲方版本，A2，A3	是	发起人填写
甲方联系人数量	数字		是	发起人填写
项目总成本占比	数字		是	发起人填写
OSS 存储	单选	是，否	是	发起人填写
是否已建内、外部工作沟通群	单选	是，否	是	发起人填写
开始日期、结束日期	日期范围		否	发起人填写
项目地点	单行输入		否	发起人填写
委托方名称	单行输入		是	发起人填写
甲方联系人/联系方式	单行输入		否	发起人填写
合同金额	金额		否	发起人填写
项目业态	单选	会所/营销中心，样板房，精装交标，住宅公区，商业公区，商业综合体，公寓，办公，教育，康养，酒店，其他	否	发起人填写
项目服务面积	数字		是	发起人填写
甲方需求	多行输入		是	发起人填写
对标项目	单选	甲方指定，内部指定	是	发起人填写
对标项目名称	单行输入		是	发起人填写

续表 1-4-1

数据名称	数据类型	数据内容	是否必填	其他备注
对标标准	单行输入	复制对标，优化对标，无	是	发起人填写
项目使用性质	单选	永久，临建	是	发起人填写
服务形式	单选	设计，软施	是	发起人填写
工作服务阶段	多选	概念方案设计，方案深化设计，施工图扩初设计，施工图深化设计，定制采购设计，精装户型优化	是	发起人填写
CAD 方案模块确认	单选	已确认，未确认	是	发起人填写
设计取费	金额		是	发起人填写
合同付款要求及交付成果要求截图	附件	如合同未签订，根据甲方合同模板上合同付款条件及交付成果要求截图上传，合同签订后重新走设计立项流程	是	发起人填写
建设管理费	金额		是	发起人填写
硬装修标准/投资成本	多行输入		否	发起人填写
软装饰标准/投资成本	多行输入		否	发起人填写
是否需要摄影	单选	需要，不需要	是	发起人填写
拍摄预计日期	日期范围		否	发起人填写
是否需要推广	单选	需要，不需要	是	发起人填写
甲方是否有协议要求不可做任何形式的推广	单选	有，无	是	发起人填写
设计项目架构干系图	附件		是	发起人填写
设计项目全景计划表	附件		是	发起人填写
设计项目运营费用统计	附件		是	发起人填写
项目文件存放路径	附件		是	发起人填写
钉钉项目群组	附件		是	发起人填写
施工图排版规划	附件		否	发起人填写
分包资源计划	附件		是	发起人填写
项目概况	附件		是	发起人填写

表 1-4-2 硬装设计成果内审 OA 表单模板

数据名称	数据类型	数据内容	是否必填	其他备注
项目编号	单行输入		是	发起人填写
项目名称	单行输入		是	发起人填写
计划交图时间	日期		是	
是否按计划交图	单选	是，否	是	发起人填写
项目类型	单选	A，B	是	发起人填写
评审内容	单选	概念设计技术成果文件，深化设计技术成果文件，施工图设计技术成果文件	是	发起人填写
备注说明	多行输入		否	发起人填写
设计成果文本	附件		是	发起人填写
说明文字	多行输入		是	发起人填写

表 1-4-3 分包商入库 OA 表单模板

数据名称	数据类型	数据内容	是否必填	其他备注
申请人	人员		是	发起人填写
申请部门	部门		是	发起人填写
一级分类	单行输入		是	发起人填写
供应商编号	单行输入		是	发起人填写
公司全称	单行输入		是	发起人填写
公司地址	单行输入		是	发起人填写
公司联系电话	数字		是	发起人填写
营业执照	附件		否	发起人填写
资格等级	附件		是	发起人填写
业务联系人名称	单行输入		是	发起人填写
业务联系人职务	单行输入		是	发起人填写
业务联系人手机	数字		是	发起人填写
业务联系人邮箱	单行输入		是	发起人填写
报价体系	附件		否	发起人填写
付款方式	单选	对公银行，对私转账	是	发起人填写
银行账户	数字		是	发起人填写
开户支行	单行输入		是	发起人填写
提供何种票据	单选	专票，普票，收据	是	发起人填写
备注	多行输入		否	发起人填写

表 1-4-4 概念、深化阶段移交事业中心 OA 表单模板

数据名称	数据类型	数据内容	是否必填	其他备注
项目编号	单行输入		是	发起人填写
项目名称	单行输入		是	发起人填写
开始日期、结束日期	日期范围		是	发起人填写
项目业态	单选	会所/营销中心,样板房,精装交标,住宅公区,商业公区,商业综合体,公寓,办公,教育,康养,酒店,其他	是	发起人填写
甲方需求	多行输入		是	发起人填写
项目启动会时间	日期		是	发起人填写
项目概况表	附件		是	发起人填写
设计项目架构干系	附件		是	发起人填写
设计项目全景计划表	附件		是	发起人填写
设计项目运营费用统计表	附件		是	发起人填写
设计项目分包资源统计表	附件		是	发起人填写
备注	多行输入		否	发起人填写
事业中心人员	人员		是	事业中心总经理填写

表 1-4-5 项目员工日报 OA 表单模板

数据名称	数据类型	数据内容	是否必填	其他备注
填报日期	日期		是	发起人填写
员工姓名	人员		是	发起人填写
员工职级	单选		是	发起人填写
明细(1)M-项目部工作任务委派	关联审批单		是	发起人填写
甲乙往来信息传云服否	多选	已传云服,未传云服	是	发起人填写
工作成果完成内审否	单选	已完成内审,未完成内审	是	发起人填写
服务阶段	单选	项目服务开始前阶段,动线设计,户型优化,概念设计,深化设计,扩初设计,施工图设计,定制采购设计,配合报建,施工配合,参见备注	是	发起人填写
开始时间,结束时间	日期范围		是	发起人填写
工时(小时)	数字		是	发起人填写
工作形式	单选	外勤,办公室	是	发起人填写
备注	多行输入		否	发起人填写
附件	附件		否	发起人填写
增加明细				

表 1-4-6 项目部周例会会议纪要 OA 表单模板

数据名称	数据类型	数据内容	是否必填	其他备注
所属公司	单选	深圳公司，上海公司，成都公司，集团公司	是	发起人填写
项目部门	单选	项目一部，项目二部，集团收款	是	发起人填写
开始日期	日期		是	发起人填写
结束日期	日期		是	发起人填写
在建项目数量	数字		是	发起人填写
设计中	数字		是	发起人填写
跟踪中	数字		是	发起人填写
合同金额	金额		是	发起人填写
已回款金额	金额		是	发起人填写
已完成工作未回款金额	金额		是	发起人填写
是否发生异动	单选	是，否	是	发起人填写
异动阶段	单选	概念阶段，深化阶段，施工图阶段，定制采购阶段，整改阶段	是	发起人填写
异动简述	多行输入		是	发起人填写
有否需结案项目	单选	是，否	是	发起人填写
需结案项目	单行输入		是	发起人填写
所有在建项目统计表	附件		是	发起人填写

1.5 管理表单范本

1.5.1 【XX 项目】工作成果文件签收函

XX 有限公司（根据项目合同调整为对应公司）

日期 DATE	20XX 年 XX 月 XX 日	发文人电话 SENDER TEL.	XXXXXXXX
致 TO	XX 公司	发文人 FROM	XXX
收文人 ATTENTION	XXX	签发人 CHECKED	XXX
页数 PAGES	共 X 页 (含本页)	发件人邮箱 E-mail	XX@XXXX

工作成果文件签收函

项目名称	XX 项目		项目编号	XX-XXX-XXX-XXXXXX-001		
合同名称			面积	XX	总价	XX
文件类型	□方案设计成果文件			□施工图设计成果文件（蓝图）		
	□物料手册 / 表设计成果文件			□物料成果实样板		
	□竣验资料成果文件			☑样板工作设计		
	□施工图电子版文件			□其他		
文件提交方式	■邮件发送　□直接送达　□客户自取　□快递交寄					

文件名称 / 内容	文件份数	文件格式	总工作进度（％）	备注
XXXX	X 份	XX	XX	XX
XXXXX	X 份	XX	XX	

合同办理完成日期		下笔付款日期	
文件接收单位名称	XX 开发有限公司	文件接收人	XXX
文件接收地址		联系方式	XXXXX
项目地址		邮箱	

文件签发人： 文件提交人： （单位盖章）　　日期：	签收人： （部门盖章）　　日期：

注：特殊情况增加以下条款。

以上成果内容，如接收单位两周内未书面提出异议，则视为甲方确认。可供提交方作为继续开展相关工作的有效依据。

1.5.2 【XX 项目】工作联系函（同发票、付款问题）

XX 有限公司（根据项目合同调整为对应公司）

日期 DATE	20XX 年 XX 月 XX 日	发文人电话 SENDER TEL.	XXXXXXXX
致 TO	XX 公司	发文人 FROM	XXX
收文人 ATTENTION	XXX	签发人 CHECKED	XXX
页数 PAGES	共 X 页 (含本页)	发件人邮箱 E-mail	XX@XXXX

工作联系函（同发票、付款问题）

敬启者：

您好！

首先感谢您及贵司的信任，我司对有机会为【XX 项目】提供相关专业服务倍感荣幸！

项目团队于 XX 年 XX 月 XX 日接贵司委托，完成该项目的室内装饰设计（施工图套标设计／方案套标设计／软装配置实施）的相关工作，需于 XX 年 XX 月 XX 日完成项目的合同（委托函）签订。根据相关计划与安排，现该项目执行情况如下：

1. 于 XX 月 XX 日提交 XX 阶段工作成果，得到（邮件／确认函附件 1）确认，并批准安排下阶段工作。

2. 于 XX 月 XX 日提交 XX 阶段工作成果，得到（邮件／确认函附件 2）确认，并批准投入项目应用。

3. 于 XX 月 XX 日所有工作阶段全部完成，并已投入使用。

4. 于 XX 月 XX 日开具并提交了第 X 笔发票，共计：XX 元（大写：人民币 XXX），并于 XX 月 XX 日收到发票（邮件／确认函附件 3）。但现尚未收到相应款项，烦请您协助办理（请求事项）。

承蒙通力协助与支持，不胜感谢！

顺祝商祺！

注：特殊情况增加以下条款。

以上成果内容，如接收单位三日内未书面提出异议，则视为甲方确认。可供提交方作为继续开展相关工作的有效依据。

1.5.3 【XX 项目】会议记录

会议记录			
议题：			主 持：
出席：			
地点：		时间：	执行人：
抄报：			
抄送：			

1.5.4 【XX 项目】方案汇报会议纪要

XX 有限公司（根据项目合同调整为对应公司）

日期 DATE	20XX 年 XX 月 XX 日	发文人电话 SENDER TEL.	XXXXXXXX
致 TO	XX 公司	发文人 FROM	XXX
收文人 ATTENTION	XXX	签发人 CHECKED	XXX
页数 PAGES	共 X 页 (含本页)	发件人邮箱 E-mail	XX@XXXX

方案汇报会议纪要

项目名称	XXXXXXXX	项目编号	XX–XXXXXX–XXX
项目地点		日期 / 时间	20XX 年 XX 月 XX 日
参会人员	业主方：XXX 顾问方：XXX	记录人	XXX
会议议题			

纪要内容：

一、

二、

三、

……

会签栏	

1.5.5【XX 项目】设计变更通知单

设计变更通知单

工程名称	XXXXXX	变更编号	01
项目编号	XXXXXX	专业名称	装饰
设计单位	XXXXXX	设计阶段	深化
建设单位	XXXXXX	出图日期	20XX 年 XX 月 XX 日

序号	图纸编号	变更原因	变更内容
1	修改部位对应的施工图图纸编号	因为 XXXX/ 为了 XXXX	XX 部位（轴线 xx-yy/xx-yy 之间）的 xx 做法修改为 yy 做法 /xx 材料修改为 yy 材料（材料选型详见附件（附件需要包含材料名称、技术参数、材料样板图片））/XX 部位（轴线 xx-yy/xx-yy 之间）需要补充节点做法 / 平面图纸 / 立面图纸，修改节点做法 / 增加节点详见附图，附图编号 XXXX
2	修改部位对应的施工图图纸编号		XX 部位（轴线 xx-yy/xx-yy 之间）的 xx 做法修改为 yy 做法 /xx 材料修改为 yy 材料（材料选型详见附件（附件需要包含材料名称、技术参数、材料样板图片））/XX 部位（轴线 xx-yy/xx-yy 之间）需要补充节点做法 / 平面图纸 / 立面图纸，修改节点做法 / 增加节点详见附图，附图编号 XXXX
3	修改部位对应的施工图图纸编号		XX 部位（轴线 xx-yy/xx-yy 之间）的 xx 做法修改为 yy 做法 /xx 材料修改为 yy 材料（材料选型详见附件（附件需要包含材料名称、技术参数、材料样板图片））/XX 部位（轴线 xx-yy/xx-yy 之间）需要补充节点做法 / 平面图纸 / 立面图纸，修改节点做法 / 增加节点详见附图，附图编号 XXXX。
签字栏	建设单位		

备注：
1. 如涉及增加工程造价或影响工期的情况，施工方应经建设方批准签署后方可实施。
2. 如变更须由建设单位分别送达监理单位和施工单位。
3. ……
注：特殊情况增加以下条款。
以上成果内容，如接收单位三日内未书面提出异议，则视为甲方确认。可供提交方作为继续开展相关工作的有效依据。

1.5.6 【XX 项目】现场服务报告

XX 有限公司（根据项目合同调整为对应公司）

日期 DATE	20XX 年 XX 月 XX 日	发文人电话 SENDER TEL.	XXXXXXXX
致 TO	XX 公司	发文人 FROM	XXX
收文人 ATTENTION	XXX	签发人 CHECKED	XXX
页数 PAGES	共 X 页（含本页）	发件人邮箱 E-mail	XX@XXXX

现场服务报告

项目名称	XXXXXXXX	项目编号	XX-XXXXXX-XXX
收件人			
发件人		日期	20XX 年 XX 月 XX 日

现场情况一：
文字（或照片）说明情况

现场意见：

解决方案：（根据实际情况填写）
1. 最终施工图纸
2. 变更图纸
3. 手稿
4. 参考图片

现场情况二：
文字（或照片）说明情况

现场意见：

解决方案：（根据实际情况填写）
1. 最终施工图纸
2. 变更图纸
3. 手稿
4. 参考图片

甲方确认（签字）		日期	

1.5.7【XX 项目】出差记录单

出差记录单

项目名称		项目编号	
出差地点		出差天数	
出差申请人		职务	
出差时间			年　月　日　时至　　　年　月　日　时
出差事由			

甲方签字确认：

項目负责人：

年　　　月　　　日

1.5.8【XX 住宅地产精装设计】进场确认函

XX 有限公司（根据项目合同调整为对应公司）

日期 DATE	20XX 年 XX 月 XX 日	发文人电话 SENDER TEL.	XXXXXXXX
致 TO	XX 公司	发文人 FROM	XXX
收文人 ATTENTION	XXX	签发人 CHECKED	XXX
页数 PAGES	共 X 页（含本页）	发件人邮箱 E-mail	XX@XXXX

进场确认函

敬启者：

您好！

首先感谢您及贵司对我司的信任，我司对有机会为贵司提供【XXX 软装项目】相关专业服务倍感荣幸。

日前我司按贵司要求完成该项目的定制采购生产，为了规范软装项目现场实施作业，加强现场管理，同时确保项目工期、质量要求，烦请贵司确认以下相关信息：

一、进场时间：_____ 年_____ 月_____ 日上午

二、项目地点：_____

三、货车尺寸：_____ 米（以实际尺寸为主）

四、垃圾指定堆放点：_____（需与甲方沟通确认）

五、我司联系人：<u>XXX</u>，联系电话：_____

　　贵司联系人：<u>XXX</u>，联系电话：_____

如对以上信息内容无异议，请贵司在收到此函件后签字回复我司，以便我司以此为依据展开下一阶段工作。如进场时间延后，烦请贵司提前 7 个工作日通知我司安排进场事宜。若收到贵司进场确认函后进场条件发生变更，所产生的货物存储或二次搬运费用等，由甲方承担。

再次感谢贵司的帮助与支持，谢谢！

顺祝商祺！

甲方联系人（签字）：

日期：20XX 年 XX 月 XX 日

1.5.9 【XX 软装项目】竣工验收单

XX 有限公司（根据项目合同调整为对应公司）

日期 DATE	20XX 年 XX 月 XX 日	发文人电话 SENDER TEL.	XXXXXXXX
致 TO	XX 公司	发文人 FROM	XXX
收文人 ATTENTION	XXX	签发人 CHECKED	XXX
页数 PAGES	共 X 页 (含本页)	发件人邮箱 E-mail	XX@XXXX

竣工验收单

敬启者：

您好！

首先感谢您及贵司对我司的信任，我司对有机会为贵司提供【XXX 软装项目】专业服务倍感荣幸。

我司于 XX 年 XX 月 XX 日接贵司委托，开展题述软装配置实施工作，于 XX 年 XX 月 XX 日根据合同及双方友好协商约定的相关技术成果，已按时、按质、按量完成软装相关的配置工作，请贵司确认！

承蒙支持，不胜感谢！

顺祝商祺！

甲方联系人（签字）：

日期：20XX 年 XX 月 XX 日

1.5.10 【XX 项目】授权委托书

授权委托书

XX 有限公司现委托 XXX 为我方代理人，代理人联系电话：XXXXXXXX。代理人在 XX 项目的设计工作过程中所签订的一切事务，我方均已承认其法律后果由我方承担。代理人无转委托权。

委托期限：自本授权委托书签署之日起。

授权方：XX 有限公司

委托代理人：XXX

身份证号码：XXXXXXXXXXXXXXXXXX

20XX 年 XX 月 XX 日

1.5.11 【XX 项目】调整意见反馈函

XX 有限公司（根据项目合同调整为对应公司）

日期 DATE	20XX 年 XX 月 XX 日	发文人电话 SENDER TEL.	XXXXXXX
致 TO	XX 公司	发文人 FROM	XXX
收文人 ATTENTION	XXX	签发人 CHECKED	XXX
页数 PAGES	共 X 页（含本页）	发件人邮箱 E-mail	XX@XXXX

【XX 项目】调整意见反馈函

调整意见如下：

序号	时间	公区/户型	调整意见	备注	回复	对接人
1	XX 月 XX 日	公区	对于车马厅效果需要考虑：标准、用材、做法沿用我们已经确认的那一版惠州的做法，但不同户型表现的手法可以不一样，如有些户型可以作为一个缓冲区、等候休息区等，我方发几个图作为参考意见	处理中	已让方案设计师参考甲方提供的意向图，综合考虑后期公区效果图的表现手法	XXX / XXX
2	XX 月 XX 日	公区	公区文本：风雨连廊吊顶与电梯内部调整	已完成	XX 月 XX 日已调整完风雨连廊吊顶与电梯内部效果图并发甲方确认	XXX
3	XX 月 XX 日	公区	首层/标准层/地下室样板过深，需重新送样	厂家送样中	与 XX 和 XX 联系，厂家正配合重新找样，XX 月 XX 日重新寄样到我司确认	XXX
5	XX 月 XX 日	户型	户内跟公区选择的大板与瓷砖排版图，让厂家提供，比如某一款砖厂家生产时候有 6 个模板纹理加一起是一个面，把这 6 个拼在一起的图发一个过来，图片纹路大一点，使领导能看清楚	已完成	联系厂家后厂家在 XX 月 XX 日收集完图片发于我司，我司整理完于 XX 月 XX 日晚发于甲方	XXX
6	XX 月 XX 日	户型	精装户型材料手册的调整	已完成	XX 月 XX 日调整完已提交于甲方	XXX
7	XX 月 XX 日	户型	xx 平方米/xx 平方米户型精装样板房概念文本	已提交，待确认后开展深化阶段	计划 XX 月 XX 日提交于甲方	XXX

以上意见若无异议请签字确认，我司将尽快执行并落实！

1.5.12 【XX 项目】项目经理委任书

XX 精装设计 / 软装实施项目经理委任书

任务委托方：XX 公司

1. 项目基本信息

项目名称	项目编号	合同 / 报价金额	启动日期	预计交付日期
说明：本项目工作时间计算从 20 XX 年 XX 月 XX 日至项目结案。				

2. 工作职责

接受 XX 公司委派的精装设计 / 软装实施相关业务。

制定项目计划：业务成果交付（质量和数量）/ 时间进度 / 人员配置。获审批后执行。

任务受托方（签名）：

联系电话：

签署日期：

1.5.13 【XX 项目】人员变动通知

关于 XX 有限公司 XX 公司
人员变动通知函

尊敬的客户及合作伙伴：

　　您好，感谢您一直以来对 XX 有限公司的信任及支持。原负责此项目的项目经理 / 设计师 XXX 因工作安排原因，自 20XX 年 XX 月 XX 日起全部移交给 XXX 来负责。敬请谅解！

其联系方式：

　　电话：XXXXXXXX

　　邮箱：XX @XXXX

　　特此通告！

XX 有限公司

20XX 年 XX 月 XX 日

1.5.14 室内装饰方案设计合同范本

甲方合同编号：   乙方合同编号：

**XX（开发商名称）· XX（城市名称）XX（项目名称）
室内装饰方案设计**

甲　方：XX 有限公司（同开票公司）

乙　方：

签订地点：

签订时间：20XX 年 XX 月 XX 日

甲　方：_____（以下简称甲方）
乙　方：_____（以下简称乙方）

甲方委托乙方承担 XX（开发商名称）·XX（城市名称）XX（项目名称）室内装饰方案设计，工程地点：XXXXXXXX，经双方协商一致、签订本合同，共同执行。

1　本合同签订依据
1.1《中华人民共和国合同法》
1.2《中华人民共和国建筑法》
1.3 国家、住建部及项目所在地有关法规、标准、规范及规定

2　合同文件的优先次序
构成本合同的文件可视为能互相说明的，除特殊说明外如果合同文件存在歧义或不一致，则根据如下优先次序来判断：
2.1 合同书
2.2 报价函

3　室内装饰方案设计服务内容
根据甲方要求及设计任务书要求，提供室内装饰方案设计及相关设计文件。文本共 X 套（见各项目要求）。
3.1 设计阶段及提交成果
3.1.1 设计阶段（具体以各项目业主提供的设计合同要求为准则编写）

XX 精装设计／软装实施项目经理委任书

任务委托方：XX 公司

项目基本信息：

阶段	节点	工作内容	文件格式
概念方案 设计阶段			
			PPT/PDG/JPG
深化方案 设计阶段			
			PPT/PDG/JPG

　　3.1.2 以上内容，与附件一互为补充，其他要求见项目部设计委托函。（附件一为提交成果的详细说明文件，可表格形式，可文字形式。依据具体项目情况增加、删减。）
　　3.1.3 其他属于本设计相关工作的阶段。
　　3.2 项目名称及设计内容：XX（开发商名称）·XX（城市名称）XX（项目名称）室内设计
　　3.3 设计规模：（根据项目需要来调整）

4 甲乙双方向对方提交的有关资料、文件及时间

4.1 甲方向乙方提交的有关文件名称及时间：

文件名称	时间	备注
XX	XX	
XX	XX	
（其他文件）	XX	

如乙方需求资料在上述规定范围以外，乙方应及时以书面形式向甲方索要，如因乙方未提出此类要求而影响设计工作，责任由乙方承担，并不得以此为依据减轻或免除本合同中乙方应当承担的责任。

4.2 乙方向甲方交付的设计文件名称、份数及时间：（根据项目需要调整）

文件名称	份数	时间
概念方案设计文本	X	20XX 年 XX 月 XX 日
深化方案设计文本		
（其他文件）	X	20XX 年 XX 月 XX 日

以上约定，以附件一为准（附件一为提交成果的详细说明文件，可表格形式，可文字形式。依据具体项目情况增加、删减）。

5 付款

5.1 本项目的室内装饰设计服务费，经双方友好协商为：

人民币（大写）：XXXXXX 圆整（小写：¥ XXXXXX 元整）

总价款构成（设计面积详见附件）：

序号	设计区域	面积	单价	合计（人民币：元）
1				
2				
3				
总计	人民币（大写）： XXXXXX 圆整（小写：¥ XXXXXX 元整）			

5.1.1 以上费用包含乙方在本合同中对应方案设计阶段产生的所有设计制作费用，如市区内差旅费、税费、意外保险等。（如甲方项目部需要乙方到异地出差，由甲方指定并承担交通及住宿费。）

5.1.2 本合同工作内容 10% 以内的增减、调整及因自身设计技术问题导致的修改调整，合同内费用不做任何调整，如增减或方案修改超过 10% 则双方根据情况另行协商。

5.2 付款进度如下：（可根据项目实际情况调整付款比例）

期数	付款条件	比例	金额
第一期	合同签订	30%	大写：人民币 X 万 X 仟 X 佰 X 拾 X 圆整 小写：¥ XXXXXX 元整
第二期		60%	大写：人民币 X 万 X 仟 X 佰 X 拾 X 圆整 小写：¥ XXXXXX 元整
第三期		10%	大写：人民币 X 万 X 仟 X 佰 X 拾 X 圆整 小写：¥ XXXXXX 元整

5.3 双方委托银行代付代收有关费用。

5.4 甲方项目部付款时，如要求提供发票，乙方应先提供真实有效的等额发票（在约定含税的前提下），否则甲方有权拒绝付款并不承担违约责任。

5.5 双方账户信息如有调整，应及时通知对方调整的新账户信息，应有原账户证明确认，并以对方确认收到为准，如因此造成付款延误付款方不承担违约责任。

5.6 以上合同预付款抵作设计费。

5.7 以上款项，甲方以银行转账的方式支付。

5.8 甲方开票信息：（根据项目实际签订公司开具发票）

公司名称：

统一社会信用代码：

账　　号：

开 户 行：

地址及电话：

5.9 乙方收款信息：

开 户 名：

开户账号：

开户银行：

6 甲方责任

6.1 向乙方提交基础资料及文件。

6.2 在合同履行期间，甲方要求终止或解除合同，乙方未开始设计工作的，退还甲方已付的定金；已开始设计工作的，甲方应根据乙方已进行的实际工作量，不足一半时，按该阶段设计费的一半支付；超过一半时，按实际工作量支付设计费。

7 乙方责任

7.1 乙方应按国家规定和合同约定的技术规范、标准进行设计，按本合同规定的内容、时间及份数向甲方交付设计文件，并对其完整性、正确性、适用性、经济合理性及时限负责。

7.2 乙方对设计文件出现的遗漏或错误负责无条件修改或补充。由于乙方设计错误造成的设计返工或工程质量事故损失，乙方应负责采取补救设计及相关修改，免收该部分及相关修改的设计费。给甲方造成的损失乙方须负连带责任，依据项目损失情况进行全额赔偿。

7.3 由于乙方原因，延误了设计文件交付时间，并因此给甲方造成损失的，乙方应赔偿甲方所有直接损失。

7.4 合同生效后，乙方要求终止或解除合同，乙方应返还甲方已支付的所有款项。若因此给甲方造成损失，乙方还应全额赔偿。

7.5 作为方案设计师，应无条件配合甲方的管理，对本项目所涉及的设计及其他相关设计提出合理化建议，并交甲方参考审核。

7.6 如不是因为甲方的方案、设计范围发生变化而引起的设计调整，乙方应无条件修正更改，不得推诿。

7.7 其他（根据项目来调整）。

8 设计人员

8.1 在本项目设计过程中，未经甲方同意，不得私自外包；乙方应保证设计人员的稳定性，不得擅自更换专业负责人以上级别的设计人员。在确实需要更换人员情况下，乙方需向甲方说明情况，并经甲方书面认可，乙方不得以人员更换为由而无故延误甲方项目部所约定的设计要求及工期。

8.2 如乙方设计人员变更后新设计人员资历和能力达不到原设计人员水平，甲方有权要求酌情降低设计费用。如属核心设计人员变更导致乙方的设计达不到设计要求，甲方有权终止合同，并不再支付未支付的设计费用。

8.3 甲方指派　XXX　作为甲方项目代表，负责与乙方联络并确认全面的工作安排事宜。

甲方指派　XXX　作为甲方技术代表，负责与乙方联络并确认技术方面的工作事宜。

甲方联系人电话：＿＿＿＿＿＿＿　邮箱：＿＿＿＿＿＿＿＿＿　QQ号：＿＿＿＿＿＿＿

乙方指派　XXX　作为乙方代表，负责与甲方联络并确认技术及工作安排的工作事宜。

乙方指派　XXX　作为乙方应急联络代表，负责在乙方代表联系不上的情况下与甲方对接。

乙方联系人电话：_____ 邮箱：_____QQ 号：_____

双方代表如发生变更，需书面通知对方。

9 设计变更

设计变更是指乙方对根据甲方要求已完成的设计文件进行改变和修改。设计变更包含由于乙方原因和非乙方原因的变更。

9.1 设计变更流程

9.1.1 由乙方提出的设计变更，应征得甲方同意后方可进行设计变更。

9.1.2 非乙方原因进行的设计变更，自接到甲方书面通知后，在符合相关规范和规定的前提下，乙方应当进行设计变更，相关费用由双方协商确认。

9.2 设计变更费用

9.2.1 一般性修改（包括对设计方案进行多次调整）乙方不收取变更设计费，但若甲方对确认后的设计方案要求作大调整，甲方应向乙方支付相应的费用，具体数量双方协商确定。

9.2.2 因乙方原因造成的修改设计、变更设计、补充设计及在原定设计范围内的必要设计，无论工作量增幅大小，由乙方负责并自行承担相关设计费用。

9.3 设计变更引起的工期变更

9.3.1 非乙方原因引起重大设计变更，以致造成乙方设计进度时限的推迟，双方另行协商变更工期。

9.3.2 乙方原因（除不可抗力外）导致的设计变更，乙方应尽量在不影响项目建设工期的前提下提交设计资料。如因此导致建设工期延误，按本合同 7.3 条的约定执行。

9.3.3 一切以协议为准。

10 知识产权

10.1 著作权的归属：乙方为履行本合同而完成的全部设计成果的所有权、著作权等知识产权均归甲方。

乙方对其设计成果及文件成果享有署名权，但不得侵犯和泄露甲方任何商业机密。

10.2 未经甲方同意，乙方不得将设计复制于本项目范围以外的户型上及将乙方交付给甲方的设计文件向第三方转让，如发生以上情况，甲方有权索赔。

10.3 乙方应保证设计工作不侵犯任何第三方的知识产权，由此引发的争议均由乙方承担全部责任，一切与甲方无关。

10.4 若因乙方原因解除合同，则甲方可以继续使用乙方施工图纸等资料或作品，甲方不因此对乙方承担任何知识产权的侵权或违约责任。

10.5 因乙方原因或不可抗力的因素造成的合同终止或合同暂停，对已付费设计成果的所有权、著作权等知识产权均归甲方所有。

11 保密条款

11.1 乙方承诺，未经甲方书面同意，乙方不得将甲方提供的任何资料（包括但不限于项目信息、商业秘密等）及本项目的任何工作成果、设计资料用作本合同以外的用途，且不能向第三方泄露所知悉的商业秘密。乙方应对本合同内容及合作中知悉的甲方商业秘密进行保密，未经甲方书面同意，不得向第三方泄露。否则甲方有权随时终止合同，并要求乙方承担相当于本合同价款的违约金，违约金不足以抵扣甲方损失的，甲方有权另行向乙方追索由此而引起的所有经济损失。

11.2 保密条款为永久性有效条款，不因合同终止而失效。

11.3 本合同解除或者终止时，乙方应当立即停止使用甲方提供的一切相关资料，同时应当按照甲方的要求，将资料予以删除或销毁。

11.4 乙方应履行的其他保密义务。

12 争议解决方式

12.1 双方因履行本合同发生的任何争议，甲方与乙方应及时友好协商解决，协商不成的，向 XXXX 仲裁院申请仲裁解决。

13 合同生效及其他

13.1 甲方要求乙方派专人长期驻施工现场进行配合与解决有关问题时，双方应另行签订技术咨询服务合同。

13.2 由于不可抗力因素致使合同无法履行时，双方应及时协商解决。

13.3 本合同双方签字盖章即生效，一式肆份，甲方贰份，乙方贰份，具同等法律效力。

13.4 双方认可的来往传真、电报、会议纪要等，均为合同的组成部分，与本合同具有同等法律效力。

13.5 未尽事宜，经双方协商一致，签订补充协议，补充协议与本合同具有同等效力。

13.6 附件

（企业提交资料）

13.6.1 公司营业执照

13.6.2 授权委托书

13.6.3 法人代表身份证复印件

13.6.4 被委托人身份证复印件

13.6.5 主要设计人员名单及资料

（个人提交资料）

13.6.6 主要负责人身份证复印件

13.6.7 报价函

（以下无正文）

甲方名称（盖章）：   乙方名称（盖章）：

法定代表人：（签字）＿＿＿＿＿＿   法定代表人：（签字）＿＿＿＿＿＿

委托代理人：（签字）＿＿＿＿＿＿   委托代理人：（签字）＿＿＿＿＿＿

住　　　所：   住　　　所：

邮政编码：   邮政编码：

电　　话：   电　　话：

传　　真：   传　　真：

开户银行：   开户银行：

银行账号：   银行账号：

开　户　人：   开　户　人：

合同签订日期：　　　　年　　　月　　　日

1.5.15【XX 项目】管理关键信息表

【XX 项目】管理关键信息表

项目名称及编号			XX 户型样板房软装实施项目	
序号	目录			
1	*项目名称 / 项目编号		XX 户型样板房软装实施项目	
2	项目简称		XX 户型软施	
3	*开始时间		20XX 年 XX 月 XX 日	
4	*结束时间		20XX 年 XX 月 XX 日	
5	项目地点		XXXX	
6	委托方名称		XX 有限公司	
7	甲方联系人 / 联系方式		XXX/136XXXXXXXX	
8	合同总金额		XXX 元	
9	*项目业态		样板房	
10	项目类别		样板房	
11	项目服务面积		XX 平方米	
12	项目使用性质		永久	
13	服务形式		软施	
14	*工作服务阶段		方案深化设计；定制采购设计；软装摆场	
15	CAD 方案模块确认			
16	*设计取费（是否战略价）		是	
17	建设管理费		/	
18	是否需要摄影		/	
19	是否需要推广		/	
启动会分表关键信息汇总				
	分表名称	是否存在	分表重点内容	
20	项目概况	√	甲方提资	按甲方效果图出深化方案，给出故事线
21	项目架构干系图	√	项目经理	XXX
22	项目管理全景计划	√	时间周期	20XX 年 XX 月 XX 日至 20XX 年 XX 月 XX 日
23	*项目分包资源计划表	√	分包资源数量	分包数量：X 个
				分包金额：XXXXXX
				分包成本占比：XX%
26	设计项目工作分配干系图		总工时	
27	*套标项目管控表		套标方案类别	
			甲方是否要求升级	
			对标项目名称	
			对标优化比例	
31	*效果图出图管控表		原创 / 套标	
32	*施工图应用标准	施工图排版计划表（采用 2021 年 4.0 版本）	A2/A3	
		甲方版本	A2/A3	
34	项目甲方架构干系图	√	甲方联系人数量	总__人，XXX、XXX
35	*项目运营费用统计表	√	项目总成本占比	XX%
36	精装设计项目经理委任书	√	项目经理是否签字	是
37	OSS 存储	√		
38	是否已建内、外部工作沟通群	√	是	
制表人：XXX			填表人：XXX	

1.5.16【XX 项目】甲方架构干系图

【XX 项目】甲方架构干系图

姓名	岗位

1.5.17【XX 项目】架构干系图

【XX 项目】架构干系图

姓名		职责	电话	邮箱
甲方对接人	XXX	商务对接	XXXX	XX@XXXX
甲方对接人	XXX	设计对接	XXXX	XX@XXXX
乙方商务对接人	XXX	商务代表	XXXX	XX@XXXX
方案设计	XXX	项目技术负责人	XXXX	XX@XXXX
方案设计	XXX	设计师	XXXX	XX@XXXX
项目主管	XXX	项目管理	XXXX	XX@XXXX

续图

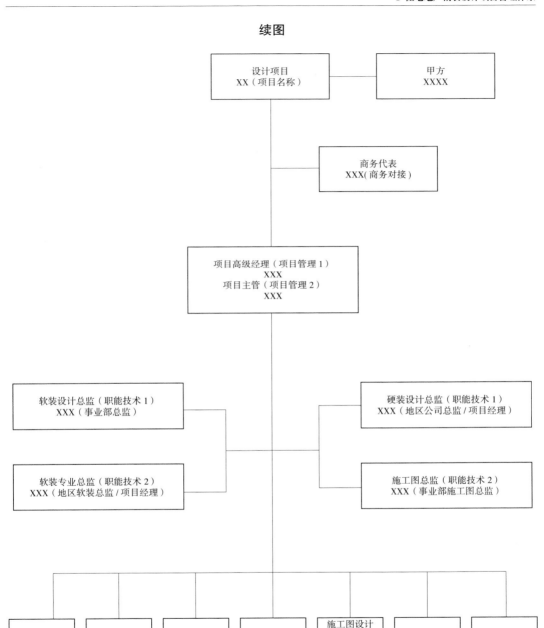

1.5.18【XX 项目】管理全景计划（设计）

XX 项目管理全景计划

序号	阶段名称	工作内容	人员安排	计划时间（工作日）	全景计划 20XX/XX/XX–20XX/XX/XX X日 X日 X日 X日 X日 X日 X日 X日 X日 X日 X日 X日
1	分项汇总	立项总共用时			
		设计总用时			
		启动会			
		概念设计阶段			
		扩初设计阶段			
		施工图阶段			
		项目拍摄			
2	项目名称	概念设计阶段 — 项目启动会	项目组所有同事		
		概念方案			
		平面方案			
		* 方案内审			
		根据甲方意见概念方案调整			
		概念方案调整及提交			
		扩初设计阶段 — 扩初方案设计			
		效果图设计			
		扩初方案内审及提交			
		甲方意见反馈及调整			
		扩初方案再次提交			
		施工图设计阶段 — 平立面系统图			
		节点系统图			
		施工图审核及调整			
		* 施工图提交			
3	后期跟踪				
4	拍摄	项目拍摄 — 拍摄立项			
		拍摄计划时间			
		精修时间			
		照片提交时间			

备注：可用颜色色块标注国家法定节假日、周六、周日、计划时间节点、企业假期、实际完成时间节点、工作修改时间等关键节点。

1.5.19【XX 项目】财务与指标管理表

【XX 项目】财务与指标管理表

合同签订公司				合同标注金额		变更合同后总金额			项目实际金额				
科目分类			数量	单价（元）即工时×职级工时单价=_元	预算工程总费用		XX 月 XX 日调整费用			年 月预计支付费用		实际发生费用合计	剩余费用	财务与指标信息
类别	代码	分项			金额（含税/非含税）	%	预算调整费用	小计	%	第 周费用	第 周费用			
图文制作	B	施工图（白图）												
		硫酸纸												
		* 施工图（蓝图）												
		文本打印制作												
设计分包供应商	C	* 效果图费 外部设计分包 C1												
		内部设计分包 C2												
		方案设计												
		施工图外包												
		水电设计												
		机电设计												
		暖通设计												
		照明设计												
		建模设计												
		建筑设计												
		规划设计												
		景观设计												
		建筑门窗设计												
		智能化设计												
		新风设计												
		消防设计												
		地暖设计												
		空调设计												
		楼梯设计												
		结构设计												
		固装方案设计												

续表

合同签订公司				合同标注金额		变更合同后总金额		项目实际金额		

科目分类			数量	单价（元）即工时 × 职级工时单价＝_元	预算工程总费用		XX 月 XX 日调整费用			年 月预计支付费用		实际发生费用合计	剩余费用	财务与指标信息
类别	代码	分项			金额（含税/非含税）	%	预算调整费用	小计	%	第 周费用	第 周费用			
项目工时	D	设计概念方案阶段 技术 1												
		设计概念方案阶段 技术 2												
		设计概念方案阶段 技术 N												
		设计深化方案阶段 技术 1												
		设计深化方案阶段 技术 2												
		设计深化方案阶段 技术 N												
		施工图设计阶段 技术 1												
		施工图设计阶段 技术 2												
		施工图设计阶段 技术 N												
		设计户型优化阶段 技术 1												
		设计户型优化阶段 技术 2												
		设计户型优化阶段 技术 N												
		延时津贴 技术 N												
		＊小计												
快递	E	快递费用												
差旅交通	F	差旅交通			食宿：_人 × _天 × 元/（人·天）＝ _元									
					飞机/高铁：_人 × _天 × _元/（人·天）＝ _元									
		＊小计												
其他	G													
＊项目合计	H1	H1＝B+C（不含 C2）+D+E+F+G												
＊含内部分包项目合计	H2	H2＝H1+C2												
保理					保理前比例									
					保理后比例									
代收金额	A2													
代付金额	A3													
合同额变更					合同额变更前									
	A4				合同额变更后									

项目部：   填表日期：

填表说明：1. 正常用"黑色"字体；2. 调增用"红色"字体；3. 调减用"蓝色"字体。

1.5.20【XX 项目】分包资源计划表

【XX 项目】分包资源计划表

项目名称	XXXXXX 项目			项目编号	
业态	售楼处 / 样板房 / 公区			项目经理	
服务形式	A 创新项目 /B 套标优化项目 /C 套标复制项目				
分包类别 ＼ 分包	合作方名称 / 联系人 / 联系方式（如非战略合作，需提供 3 个供应商招标询价）			战略 / 非战略	备注
	分包单位名称				
*效果图	套标项目是否原单位绘制		□是 ■否		
	经过与贵司沟通，根据贵司与我司签订的战略合作协议的约定，现将该项目效果图设计委托贵司绘制，主要服务内容如下（套标项目需找原来单位绘制）				
	区域	数量	完成时间	参考报价	
	客厅		20XX 年 XX 月 XX 日		
	餐厅		20XX 年 XX 月 XX 日		
方案设计	/				
水电设计	/				
暖通设计	/				
照明设计	/				
园艺设计	/				
暖通	/				
给排水	/				
强弱电	/				
建筑门窗	/				
智能化	/				
新风	/				
消防图	/				
地暖	/				
空调	/				
楼梯	/				
结构	/				
固装加工图方案	/				
施工图设计	/				
图文制作设计	/				
家具定制采购	/				
灯饰定制采购	/				
窗帘定制采购	/				
地毯定制采购	/				
床品定制采购	/				
饰画定制采购	/				
雕塑定制采购	/				
饰品定制采购	/				
物流	/				
安装摆场	/				

1.5.21【XX项目】效果图出图管控表

【XX项目】效果图出图管控表

套标母版效果图					设计出图平面图						
项目名称及编号											
效果图公司类型		A		业态分类	公区	效果图单价			出图数量		XX
设计提资情况	平面图	套标方案文件	结构/点位提资	平面角度	施工图天花/立面/局部大样	US模型	物料贴图	家具模型	套标模型	套标模块	手绘方案
项目情况	套标类别	复制全套标		√	优化套标		优化比例	XX%			
	设计内容	差异		差异说明				差异占比			
		是	否								
	住宅户型 户型差异	√									
	玄关柜方案	√									
	沙发背景方案	√									
	电视背景墙方案	√									
	主卧床背景方案	√									
	儿童房方案	√									
	洗手柜方案	√									
	橱柜方案	√									
	物料表	√									
	公区 户型差异	√									
	首层大堂背景墙	√									
	地下层大堂	√									
	标准层背景墙	√									
	电梯轿厢	√									
	信报箱	√									
	架空层标准	√									
	地砖拼贴方式	√									
	墙砖拼贴方式	√									
	物料表	√									
	标识系统	√									

续表

套标母版效果图						设计出图平面图						
项目名称及编号												
效果图公司类型			A	业态分类		公区	效果图单价			出图数量	XX	
设计提资情况	平面图		套标方案文件	结构/点位提资	平面角度	施工图天花/立面/局部大样	US模型	物料贴图	家具模型	套标模型	套标模块	手绘方案
项目情况	幼儿园	幼儿园交付标准	√									
		情况	√									
		创意主题	√									
		标准教室方案	√									
		标准过道方案	√									
		标准楼梯间方案	√									
		照明设计	√									
		声学设计	√									
		晨检室	√									
		家长休息室 & 亲子阅读区	√									
		保健室 & 隔离室	√									
		多功能媒体活动室	√									
		教具制作室	√									
		教室值班 & 休息室	√									
		会议室	√									
		特色教室	√									
		教师办公室	√									
		开放休息区	√									
		地区教育局规范	√									
		物料系统	√									
		标识系统	√									
		消防系统	√									
		强弱电系统	√									
		墙板设计	√									
	其他											

1.5.22【XX 项目】套标项目管控表

幼儿园套标管控表

套标母版效果图				设计出图平面图						
项目名称及编号										
甲方提资情况 / 建筑提资	套标方案文件	效果图文件	效果图模型	套标施工图	标准CAD文件	物料清单	功能配置需求	交付标准	硬装修单价	备注
√	√	√		√						
套标类别	复制全套标					优化套标		优化比例	XX%	
设计内容	差异		差异说明					差异比例		
	是	否								
幼儿园交付标准	√									
硬装修单价	√									
创意主题	√									
标准教室方案	√									
标准过道方案	√									
标准楼梯间方案	√									
照明设计	√									
声学设计	√									
晨检室	√									
家长休息室&亲子阅读区	√									
保健室&隔离室	√									
多功能媒体活动室	√									
教具制作室	√									
教室值班&休息室	√									
会议室	√									
特色教室	√									
教师办公室	√									
开放休息区		√								
地区教育局规范		√								
物料系统		√								
标识系统		√								
消防系统		√								
强弱电系统		√								
墙板设计		√								
其他										

（左侧"项目情况"跨行标注）

1.5.23 工作分配干系图

工作分配干系图 AA01

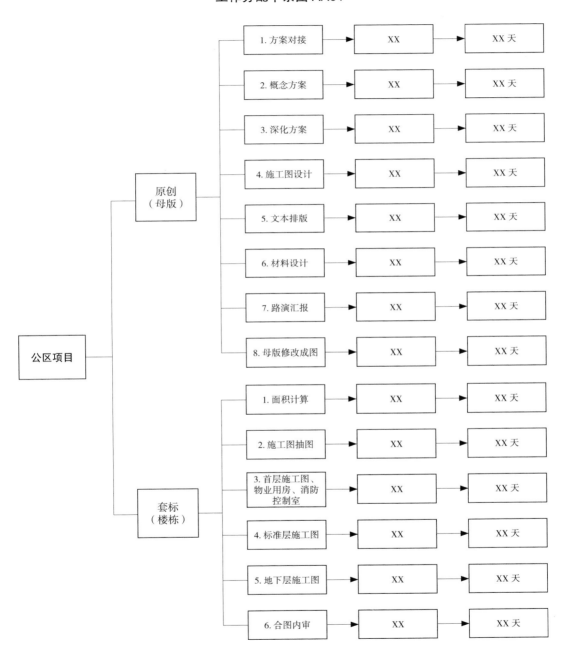

1.5.24【XX 项目】经理委任书

【XX 项目】精装设计 / 软装实施项目经理委任书

任务委托方：XX 有限公司

1. 项目基本信息

项目名称	项目编号	合同 / 报价金额	预备 / 正式启动日期	预计交付日期

说明：1. 本项目工作时间计算从 20XX 年 XX 月 XX 日至项目结案，余下工作量约定为项目_____%。
2. 合同最终金额以结案会议确定为准。

2. 工作职责

接受公司委派的精装设计 / 软装实施相关业务。

2.1 根据公司与客户签订的业务合同负责对等的责权利。

2.2 制定项目计划：业务成果交付 (质量和数量)/ 时间进度 / 人员配置 / 财务管理。获审批后执行。

2.3 负责与甲方沟通、协调，充分了解甲方要求并解决全部业务问题。

2.4 遵守公司管理 / 事业中心制定的相关管理制度 / 规定 / 标准等（包括不定期更新，详见公司云存储服务端）。

3. 工作权限

对项目成员的选择、工作安排和考核权，对批准的项目计划的监督与实施权。

4. 激励管理

本项目按 XX% 计算集团管理费，相关说明详见"地产精装设计 / 软装实施项目经理半年度奖金管理办法"。

5. 奖惩管理

5.1 地产精装设计 / 软装实施项目管理规定

5.2 员工个人 / 团队奖罚星制度

5.3 绩效考核管理制度

5.4 项目经理半年度奖金管理办法

6. 附件

6.1 XXXX 合同

任务受托方（签名）：XXXX

身份证号码：XXXX

联系电话：XXXX

签署日期：XXXX

1.5.25【XX 项目】请款函

XX 有限公司（根据项目合同调整为对应公司）

日期 DATE	20XX 年 XX 月 XX 日	发文人电话 SENDER TEL.	XXXXXXXX
致 TO	XX 公司	发文人 FROM	XXX
收文人 ATTENTION	XXX	签发人 CHECKED	XXX
页数 PAGES	共 X 页 (含本页)	发件人邮箱 E-mail	XX@XXXX

【XX 项目】请款函

您好！首先感谢您及贵司对我司的信任，我司对有机会为【XX 项目】提供相关专业服务倍感荣幸。根据 20XX 年 XX 月双方签订的题述项目【XXX 室内装饰设计合同】书第 2 付款程序第 2.2 条，甲方的付款条件、付款比例、付款金额如下表所示：

金额	比例	付款条件
￥XXXX 元整	总价款 XX%	甲、乙双方签订合同后，且乙方的软装配置方案经甲方书面确认后
￥XXXX 元整	总价款 XX%	乙方完成所有摆设工作并经甲方验收合格后
￥XXXX 元整	总价款 XX%	软装保修费用（自甲方验收合格之日起半年后）

甲、乙双方签订合同后，且乙方完成所有 XXX 工作并经甲方验收合格后支付合同金额的 XX%，即：￥XXXX 元。注：因第一笔发票金额不足，有￥XXXX 元未开具，故此次一并开具。即开票金额共计：￥XXXX 元（大写：XX 圆）。

我司现已按要求完成题述项目 XXX 工作成果提交，现请贵司支付题述项目以上款项，谢谢！

以上款项请汇至我司账户：

户　名：XX 有限公司

账　号：XXXX

开户银行：XXXX

以上如无不妥，请贵司及您确认签收后回传我司。谢谢！

顺祝商祺！

1.5.26【XX 项目】发票签收函

XX 有限公司（根据项目合同调整为对应公司）

日期 DATE	20XX 年 XX 月 XX 日	发文人电话 SENDER TEL.	XXXXXXX
致 TO	XX 公司	发文人 FROM	XXX
收文人 ATTENTION	XXX	签发人 CHECKED	XXX
页数 PAGES	共 X 页（含本页）	发件人邮箱 E-mail	XX@XXXX

【XX 项目】发票签收函

您好！首先感谢您及贵司对我司的信任，我司对有机会为【XX 项目】提供相关专业服务倍感荣幸。

根据双方于 20XX 年 XX 月签订的题述项目【XX 项目室内装饰设计合同】的约定及请款函，现向贵司提供相关阶段请款，金额对应发票如下。

发票号：XXXXXX

发票金额：XX 元（大写：XX 圆整）

出票日期：20XX 年 XX 月 XX 日

以上如无不妥，请贵司及您确认签收后回传我司。谢谢！

顺祝商祺！

1.5.27【XX 项目】内部考评表

设计服务情况评价			
事业中心 （XX 分）	财务中心 （XX 分）	综合管理中心 （XX 分）	商务中心 （XX 分）

说明：1. 客户满意度 ≥ XX 为优秀。
2. 客户满意度 ≥ XX 为良好。
3. 客户满意度 ≥ XX 为达标。
4. 客户满意度 < XX 为不达标。

1.5.28【XX 项目】结案概况表

【XX 项目】结案概况表

项目名称／项目编号：		【XX 项目】／ XXXXXXXX
项目进度时间	项目简称	XX
	开始时间	20XX 年 XX 月 XX 日
	概念方案提交时间	/
	深化方案提交时间	20XX 年 XX 月 XX 日
	项目摆场时间	20XX 年 XX 月 XX 日
	验收时间	20XX 年 XX 月 XX 日
	合同签定时间	20XX 年 XX 月 XX 日
	尾款申请时间	20XX 年 XX 月 XX 日
项目地点		XX
委托方名称		XX 有限公司
甲方联系人及联系方式		XX，XXXXXXXXX
合同金额		XX 元
项目结算金额		XX 元
项目立项运营金额		XX 元
项目实际运营金额		XX 元
外包单位费用是否支付完成		否
项目跟财务是否平账		是
项目业态		样板房
项目服务面积		XX 平方米
项目使用性质		永久
服务形式		软施
工作服务阶段		方案深化设计；定制采购设计；其他
设计取费		XX 元／平方米
甲方单位往来资料是否归档		是
丙方单位往来资料是否归档		是
项目结案情况		否

1.5.29【XX 项目】汇总结案

【XX 项目】汇总结案

客户名称	XX 有限公司		
项目名称	【XX 项目】		
合同名称	【XX 项目】合同	合同金额（元）	￥XX 元
业态	样板房		
服务形式	软施		
项目管理	内容	时间	开始时间	结束时间
		计划时间		
		实际时间		
项目工作内容总结				
成本核算				

1.5.30 【XX 项目】分包结果质量评价表

【XX 项目】分包结果质量评价表

项目名称	XX 项目		项目编号	XXXXXXXX
合同名称	XX 合同		合同金额	￥XXXX 元
分包单位名称	XXXX 家具有限公司			
服务分类	设计类： □概念方案设计　　□深化方案设计　　□效果图设计　　□施工图设计 □定制采购设计　　□建筑　　　　　□给排水设计　　□园艺设计 □结构　　　　　□机电设计　　　□智能化　　　□消防图 产品类： ☑家具　　□灯饰　　□饰画　　□窗帘　　□地毯　　□床品 其他＿＿＿＿＿＿＿			

评价内容			总分	评价结果（意见）
技术水平	公司规模	公司规模的完整性	XX	
	产品质量	质量是否满足合同／法规要求	XX	
		图纸／清单是否完善、整洁	XX	
		物料／尺寸是否精准	XX	
		制作成果是否符合设计要求	XX	
服务水平	服务质量	服务是否认真负责	XX	
	服务态度	项目期间是否及时配合	XX	
	售后服务	项目后期是否积极配合	XX	
时间把控	进度是否符合合同／项目要求		XX	
综合评分	服务配合是否令我方／甲方满意		XX	
合计得分			分	
备注：				

2

商 业 地 产
精 装 设 计

项目管理体系

2.1 一级 SOP 管理流程（详见表 2-1）

表 2-1 地产精装设计（B 类）一级 SOP 管理流程

序号	协同人员\流程	商务	项目主管	项目经理	财务	地产精装事业中心	集团总经理	外协公司	多专业
1	项目交接	项目交接	接收项目	接收项目					
2	整理甲方提资		整理甲方提资；确定工作范围						
3	预备启动会		预备启动会[1]						
4	甲、乙、丙方"项目技术与管理信息周报"存储管理			技术与管理信息周报按时存放于 OSS					
5	甲方启动会		项目经理约甲方汇报项目情况，明确提资以及工作范围			参会			
6	商务合同及补充协议（变更）（**）	与甲方签订合同/补充协议（变更）							
7	产品与服务外购招标（*）		产品与服务外购招标						
8	正式启动会（*）			启动会[1]					
9	供应商入库					供应商入库			
10	产品与服务外购（丙方）合同签订		产品与服务外购（丙方）合同签订						
11	丙方付款管理（*）		走付款流程		支付款项				
12	设计工作外协（方案）					概念方案设计			
13	空间设计项目市场调研报告					商业空间设计调研报告			
14	方案设计（内部）		概念方案设计						
15	多专业条件对接（*）								多专业单位
16	效果图管理（*）					效果图体系管理			
17	设计成果内审（方案）（*）					概念方案内审（事业部总监）			
18	汇报路演		路演汇报			参会		参会	

续表 2-1

序号	协同人员/流程	商务	项目主管	项目经理	财务	地产精装事业中心	集团总经理	外协公司	多专业
19	设计汇报（方案）（*）					概念方案汇报			
20	分阶段设计成果（方案）调整并提交确认（**）			方案调整[2]					
21	请款（设计过程）（*）		提交请款资料[3]		开具发票				
22	丙方付款管理（*）		走付款流程		支付款项				
23	设计工作外协（深化）					深化方案设计			
24	设计工作外协（照明）							照明设计	
25	设计工作外协（机电/消防）（*）							机电/消防设计	
26	多专业条件对接（*）								多专业单位
27	精装扩初设计CAD（内部）			深化方案设计					
28	深化阶段BIM模型（内部）							深化方案设计扩初	
29	设计成果内审（深化）（*）					深化方案内审（事业部总监）			
30	设计成果内审（照明/机电/消防）（*）					照明/机电/消防内审（事业部总监）			
31	汇报路演（*）		路演汇报			参会	参会		
32	设计汇报（深化）（*）			深化方案汇报					
33	分阶段设计成果（深化）调整并提交确认（**）			方案调整[2]					
34	请款（设计过程）（*）		提交请款资料		开具发票				
35	丙方付款（*）		走付款流程		支付款项				
36	设计工作外协（施工图扩初）（*）							施工图扩初设计调整	

续表 2-1

序号	协同人员 / 流程	商务	项目主管	项目经理	财务	地产精装事业中心	集团总经理	外协公司	多专业
37	多专业条件对接（*）								多专业单位
38	扩初施工图设计（CAD）			施工图扩初设计					
39	扩初施工图设计（BIM）（**）							施工图扩初设计	
40	设计成果内审（扩初施工图）（*）					施工图内审（施工图总监）			
41	设计成果内审（照明/机电/消防）（*）		根据合同进行请款			照明/机电/消防内审（事业部总监）			
42	分阶段设计成果（施工图扩初）调整并提交确认（**）			施工图扩初 2					
43	请款（设计过程）（*）		提交请款资料 3		开具发票				
44	丙方付款管理（*）		走付款流程		支付款项				
45	设计工作外协（精装施工图）（*）							施工图深化设计调整	
46	多专业条件对接（*）								多专业单位
47	精装施工图设计（CAD）			施工图深化 4					
48	精装施工图设计（BIM）（**）							施工图设计	
49	设计成果内审（精装施工图）（*）					施工图内审（施工图总监）			
50	设计成果内审（照明/机电/消防）（*）		根据合同进行请款			照明/机电/消防内审（事业部总监）			
51	分阶段设计成果（精装施工图）调整并提交确认（**）			施工图调整 2					

续表 2-1

序号	协同人员 流程	商务	项目主管	项目经理	财务	地产精装 事业中心	集团 总经理	外协 公司	多专业
52	请款（设计过程）（*）		提交请款资料[3]		开具发票				
53	丙方付款管理（*）		走付款流程		支付款项				
54	技术（设计）变更			技术（设计）变更[5]					
55	施工现场配合（现场服务/巡场服务）			施工现场配合（现场服务/巡场服务）[6]					
56	设计资质盖章/报审跟踪（**）		盖章/报审跟踪					设计资质盖章/报审	
57	协助审核施工单位竣工图			竣工图审核[7]					
58	竣工图设计			竣工图设计					
59	丙方付款管理（*）		走付款流程		走付款流程				
60	拍照管理及推广（*）		预约摄影师	跟进拍照流程					
61	丙方付款管理（*）		走付款流程		走付款流程				
62	预备结案会		梳理资料，进行预备结案[8]						
63	请款（项目竣工）		提交请款资料		开具发票				
64	结案会		梳理资料，进行结案会						

注释：

1　【XX 项目】概况表；【XX 项目】分包资源计划表；【XX 项目】管理全景计划（模板 - 商业）；【XX 项目】运营费用统计表（商业）；【XX 项目】架构干系图；【XX 项目】甲方架构干系图；精装设计项目工作分配干系图；【XX 项目】套标管控表（*）；设计 / 非合同项目立项联审；【XX 项目】经理委任书。

2　【XX 项目】工作成果文件签收函。

3　【XX 项目】请款函；【XX 项目】发票签收函。

4　【XX 项目】设计提资梳理表。

5　一类变更（不产生费用）；【XX 项目】工作成果文件签收函；【XX 项目】设计变更通知单；【XX 项目】设计变更通知单（CAD-A4 模板，一般由甲方提供）；【XX 项目】调整意见反馈函；二类变更（产生费用）；【XX 项目】增补项目登记表。

6　会议纪要；【XX 项目】出差记录单；【XX 项目】现场服务报告。

7　【XX 项目】设计提资梳理表；【XX 项目】竣工图审核报告；【XX 项目】竣工图审核报告。

8　设计项目结案概况；设计项目运营架构及干系表 AA02；设计项目管理全景计划表 AB02；设计项目分包资源计划表 AE02；设计项目财务与指标管理表；设计项目汇总结案；设计项目运营费用结算表 AD03；分包结果质量评价表。

9　标注有 * 的流程为选用流程。

10　标注有 ** 的流程为通用流程。

2.2 装饰项目管理体系信息汇总表（详见表 2-2）

表 2-2 商业地产精装设计项目管理体系信息汇总表

序号	阶段名称	一级 SOP	二级 SOP	应用 OA	管理文件应用范本	设计文件应用范本
1	项目启动 1	1 项目交接		项目部工作任务委派		
2		2 整理甲方提资	2.1 工作需求确认			
3			2.2 BIM 标准确认			
4		3 预备启动会			【XX 项目】概况表； 【XX 项目】分包资源计划表； 【XX 项目】管理全景计划（模板 -商业）； 【XX 项目】运营费用统计表（商业）； 【XX 项目】架构干系图； 【XX 项目】甲方架构干系图； 精装设计项目工作分配干系图； 【XX 项目】套标管控表（＊）； 设计／非合同项目立项联审； 【XX 项目】经理委任书	
5		4 甲、乙、丙方"项目技术与管理信息周报"存储管理		项目经理团队工作周报流程		
6		5 甲方启动会			【XX 项目】概况表(甲方启动会)；项目管理全景计划 AB02（模板 - 商业）（甲方启动会）； 【XX 项目】架构干系图 1（甲方启动会）；会议纪要	
7	甲方合同	6 商务合同及补充协议（变更）（＊＊）	6.1 工作范围复核			
8			6.2 报价评审会			
9			6.3 项目报价	项目报价审核		
10			6.4 报价洽谈／敲定		项目沟通技巧手册	
11			6.5 合同／补充协议拟定跟踪			
12			6.6 合同／补充协议签订归档	甲方合同及补充协议审批；证照章借用申请		
13	招标	7 产品与服务外购招标（＊）	7.1 招标邀请		【XX 项目】设计项目产品投标询价表	
14			7.2 招标答疑			
15			7.3 回标与评审			
16			7.4 招标定审会			
17			7.5 落标感谢函			

续表 2-2

序号	阶段名称	一级 SOP	二级 SOP	应用 OA	管理文件应用范本	设计文件应用范本
18	项目启动 2	8 正式启动会（＊）	8.1 启动会资料预审	设计及非合同项目立项联审	【XX 项目】概况表； 【XX 项目】分包资源计划表； 【XX 项目】管理全景计划（模板－商业）； 【XX 项目】运营费用统计表（商业）； 【XX 项目】架构干系图； 【XX 项目】甲方架构干系图； 【XX 项目】工作分配干系图； 【XX 项目】套标管控表（＊）； 设计／非合同项目立项联审； 【XX 项目】经理委任书； 【XX 项目】设计提资梳理表	
19			8.2 专业协同流程及节点拉通			
20			8.3 上会	设计及非合同项目立项联审		
21			8.4 定审文件走 OA 并存档 OSS			
22		9 供应商入库	9.1 入库申请	分包商入库管理流程		
23			9.2 入库审批	用章及证件管理流程		
24		10 产品与服务外购（丙方）合同签订	10.1 合同申请			
25			10.2 合同审批	用章及证件管理流程		
26		11 丙方付款管理（＊）	11.1 根据外购合同条款申请定金付款（＊）			
27			11.2 甲方确认工作成果			
28			11.3 丙方提供请款文件与发票			
29			11.4 申请付款 OA 并支付	费用支付		
30		12 设计工作外协（方案）	12.1 外协管理启动会	内部工作通报函		
31			12.2 正式交接手续			
32			12.3 设计成果工作过程管理（外协）			
33	精装方案设计	13 空间设计项目市场调研报告				商业空间设计调研报告
34		14 方案设计（内部）			精装设计项目关键节点管控	商业精装·概念设计文件范本
35		15 多专业条件对接（＊）	15.1 洞口轮廓线优化	设计／软施阶段成果内审		
36			15.2 店铺租赁线优化			
37			15.3 精装二次机电净高、前介需求、暖通末端原则			
38			15.4 照明方案及布置原则			
39			15.5 工程精装方案交圈（土建、机电、精装）			
40			15.6 精装方案成本概算			
41			15.7 甲方标准化模块使用原则、轮廓优化、界面原则			

续表 2-2

序号	阶段名称	一级 SOP	二级 SOP	应用 OA	管理文件应用范本	设计文件应用范本
42	精装方案设计	16 效果图管理（＊）	16.1 效果图分类		效果图管理规章制度	
43			16.2 查询汇总表		20XX 年效果图素材库汇总表	
44			16.3 公司标准素材库选定		公区标准化模型	
45			16.4 效果图制作		效果图制作流程	
46			16.5 新素材管理			
47		17 设计成果内审（方案）（＊）	17.1 方案内审会			
48			17.2 方案调整并 OA 审定		设计／软施阶段成果内审	
49		18 汇报路演（＊）				
50		19 设计汇报（方案）（＊）			设计项目汇报应用技巧	
51		20 分阶段设计成果（方案）调整并提交确认（＊＊）	20.1 调整			
52			20.2 内审			
53			20.3 甲方确认			
54			20.4 加密提交		【XX 项目】工作成果文件签收函	
55		21 请款（设计过程）（＊）	21.1 甲方确认请款申请文件			
56			21.2 财务开票申请	开票申请 OA		
57			21.3 请款文件盖章申请	用章及证件管理流程		
58			21.4 请款文件邮寄并确认签收			
59			21.5 手续归档 OSS		【XX 项目】请款函（一般甲方有自己的格式）；【XX 项目】发票签收函	
60		22 丙方付款（＊）	参见丙方付款管理（通用）			
61	精装方案扩初设计	23 设计工作外协（深化）	参见设计工作外协（通用）			
62		24 设计工作外协（照明）	参见设计工作外协（通用）			
63		25 设计工作外协(机电/消防)（＊）	参见设计工作外协（通用）			
64		26 多专业条件对接（＊）	26.1 建筑平面提资（卫生间、电梯厅、中庭洞口平面、消火栓点位、卫生间给排水、结构图）			
65			26.2 精装二次机电净高数据、卫生间立管、暖通末端原则、中庭排烟、空调风口点位及形式			
66			26.3 天花板灯具点位及选型参数			
67			26.4 标识方案及强弱电点位末端需求			
68			26.5 商运需求（中岛强弱电点位、电葫芦点位、水晶卷帘需求、VIP 室需求）			
69			26.6 物业需求（办公室点位、卫生间插座热水需求）			
70		27 精装扩初设计 CAD（内部）	27.1 初版精装平立面节点图（公区、卫生间、电梯厅、中庭、地下室光厅）		精装设计项目关键节点管控	商业精装·深化设计文件范本
71			27.2 优化初版精装平立面节点图、中庭排烟口风口位置及点位			

续表 2-2

序号	阶段名称	一级 SOP	二级 SOP	应用 OA	管理文件应用范本	设计文件应用范本
72		28 深化阶段 BIM 模型（内部）				
73		29 设计成果内审（深化）（＊）	参见设计成果内审（通用）（＊）		精装设计项目关键节点管控	
74		30 设计成果内审（照明/机电/消防）（＊）				
75		31 汇报路演（＊）				
76		32 设计汇报（深化）（＊）				
77	精装方案扩初设计	33 分阶段设计成果（深化）调整并提交确认（＊＊）	参见分阶段设计成果（通用）调整并提交确认		【XX 项目】工作成果文件签收函	
78		34 请款（设计过程）（＊）	参见"请款"（通用）流程			
79		35 丙方付款管理（＊）				
80		36 设计工作外协（扩初施工图）（＊）	参见设计工作外协（通用）			
81		37 多专业条件对接（＊）	37.1 精装二次机电综合天花板设备末端点位、地面疏散指示点位			
82			37.2 灯具安装大样及选型参数			
83			38.1 根据商运、物业提资在扩初图中准确落位与商运及物业确认		【XX 项目】设计提资梳理表	商业精装·施工图文件范本
84			38.2 优化灯具点位与商运及物业确认			
85			38.3 平立面大样图扩初施工图设计			
86			38.4 天花板综合点位优化			
87			38.5 优化平立面大样图扩初施工图			
88	扩初施工图设计	38 扩初施工图设计（CAD）	38.6 施工图设计排版策划	申请 OA		封面、目录、设计说明、材料表；公司标准图框 A1、A2、A3；商业图案填充标准；方黄商业 A2 以上线宽设置；图层设定标准；商业项目施工图成果标准化制图总要求；线型及符号
89		39 扩初施工图设计（BIM）（＊＊）	39.1 BIM 模型搭建及多专业整合			
90			39.2 多专业信息交互，落地留档			
91			39.3 模块化应用反馈			
92		40 设计成果内审（扩初施工图）（＊）	参照设计成果内审（通用）流程	设计/软施阶段成果内审	精装设计项目关键节点管控	

续表 2-2

序号	阶段名称	一级 SOP	二级 SOP	应用 OA	管理文件应用范本	设计文件应用范本
93		41 设计成果内审（照明/机电/消防）（*）				
94		42 分阶段设计成果（扩初施工图）调整并提交确认（**）	参照设计成果内审（通用）流程		【XX 项目】工作成果文件签收函（注：甲方在合同及款项滞后情况下索要施工图：A 类客户只能提交施工图电子版或者白图；B 类客户只能提交施工图电子加密版）	
95	扩初施工图设计		43.1 甲方确认请款申请文件			
96		43 请款（设计过程）（*）	43.2 财务开票申请	开票申请 OA		
97			43.3 请款文件盖章申请	用章及证件管理流程		
98			43.4 请款文件邮寄并确认签收			
99			43.5 手续归档 OSS			
100		44 丙方付款管理（*）	参见丙方付款管理（通用）			
101		45 设计工作外协（精装施工图）（*）	参见设计工作外协（通用）			
102		46 多专业条件对接（*）	46.1 优化精装二次机电综合天花板设备末端点位、地面疏散指示点位			
103			46.2 优化消防系统及疏散指示点位			
104			46.3 优化天花板灯具点位及选型参数安装大样、优化控制系统回路设计			
105	精装施工图设计	47 精装施工图设计（CAD）	47.1 优化精装平立面节点图（公区、卫生间、电梯厅、中庭、地下室光厅）		【XX 项目】设计提资梳理表	商业精装·施工图文件范本
106			47.2 优化中庭排烟、空调风口位置			
107			47.3 平立面大样图施工图设计，整合平面天花板、灯具安装大样、综合天花板末端			
108			47.4 后勤区域施工图设计			
109			47.5 施工图设计排版策划			
110		48 精装施工图设计（BIM）（**）	48.1 BIM 模型搭建及多专业整合			
111			48.2 多专业信息交互，落地留档			
112			48.3 模块化应用反馈			
113		49 设计成果内审（精装施工图）（*）	参照设计成果内审（通用）流程	设计/软施阶段成果内审	精装设计项目关键节点管控	
114		50 设计成果内审（照明/机电/消防）（*）				
115		51 分阶段设计成果（精装施工图）调整并提交确认（**）	参照设计成果内审（通用）流程		【XX 项目】工作成果文件签收函（注：甲方在合同及款项滞后情况下索要施工图：A 类客户只能提交施工图电子版或者白图；B 类客户只能提交施工图电子加密版）	

续表 2-2

序号	阶段名称	一级SOP	二级SOP	应用OA	管理文件应用范本	设计文件应用范本
116	精装施工图设计	52 请款（设计过程）（*）	52.1 甲方确认请款申请文件			
117			52.2 财务开票申请	开票申请OA		
118			52.3 请款文件盖章申请	用章及证件管理流程		
119			52.4 请款文件邮寄并确认签收			
120			52.5 手续归档OSS			
121		53 丙方付款管理（*）	参见丙方付款管理（通用）			
122		54 技术(设计)变更	54.1 变更需求确定		一类变更（不产生费用）：【XX项目】工作成果文件签收函；【XX项目】设计变更通知单；【XX项目】设计变更通知单（CAD版本）；【XX项目】调整意见反馈函二类变更（产生费用）：【XX项目】增补项目登记表	变更通知单（范本）；变更前后图纸（范本）
123			54.2 BIM核对变更可实施性			
124			54.3 变更方案/深化/施工图设计初稿与内审OA			
125			54.4 根据甲方意见调整图纸及BIM模型并确认			
126			54.5 终稿内审OA			
127			54.6 加密与提交并存档			
128	服务及配合	55 施工现场配合（现场服务/巡场服务）	55.1 设计交底会议		会议纪要	
129			55.2 BIM指导现场实施			
130			55.3 BIM确认现场调改实施性			
131			55.4 现场配合函接收			
132			55.5 现场配合计划拟定			
133			55.6 提交OA申请	出差申请	【XX项目】出差记录单	
134			55.7 现场配合/精装设计履勘报告并存档OSS		【XX项目】现场服务报告	设计监造履勘报告书文件范本
135	项目竣工	56 设计资质盖章/报审跟踪（**）	56.1 提报盖章单位			
136			56.2 根据盖章单位意见调整竣工图			
137			56.3 送审			
138			56.4 根据送审意见调整竣工图			
139			56.5 提交通过			
140			56.6 内部OA存档			

续表 2-2

序号	阶段名称	一级 SOP	二级 SOP	应用 OA	管理文件应用范本	设计文件应用范本
141	项目竣工	57 协助审核施工单位竣工图	57.1 竣工图审核提资梳理		【XX 项目】设计提资梳理表；【XX 项目】竣工图审核报告；【XX 项目】竣工图审核报告	
142			57.2 竣工图初审报告提交			
143			57.3 竣工图内审	设计 / 软施阶段成果内审		
144			57.4 竣工图终审报告提交			
145		58 竣工图设计（*）	58.1 竣工图审核提资梳理变更汇总			
146			58.2 竣工图合图设计			竣工图合图设计范本
147			58.3 竣工模型确认			
148			58.4 竣工图内审并提交	设计 / 软施阶段成果内审		
149		59 丙方付款管理（*）	参见丙方付款管理（通用）			
150	项目虚拟样板	60 产品落地及推广（*）	60.1 虚拟样板需求确认（业绩分享）			
151			60.2 生产团队选用			
152			60.3 推文初稿评审			
153			60.4 摄影团队评选			
154			60.5 虚拟样板搭建			
155			60.6 成果外审			
156			60.7 摄影设备租赁			
157			60.8 推文及短视频制作			
158			60.9 分项推广			
159		61 丙方付款管理（*）	参见丙方付款管理（通用）			
160	项目结案	62 预备结案会	62.1 结案资料预审		设计项目结案概况；设计项目运营架构及干系图；设计项目管理全景计划表；设计项目分包资源计划表；设计项目财务与指标管理表；设计项目汇总结案；设计项目运营费用结算表；分包结果质量评价表	
161			62.2 上会			
162			62.3 定审文件走 OA 并存档 OSS			
163		63 请款（项目竣工）	参见"请款"（通用）流程			
164		64 结案会	参见"预结案"流程			
	步骤合计	64	149	26	66	16

2.3 二级 SOP 管理流程（详见表 2-3）

表 2-3-1 商务中心业务规划及合同管理流程 SOP

序号	时间节点	甲方	公司商务专员/主管	集团商务专员/主管	集团商务经理	事业中心	公司财务	项目经理	法务	综合管理中心	集团总经理
1	工作范围复核		接收相关信息，开展工作	项目编号、名称拟定、发起委派流程至地区项目经理	审定			接收相关信息，梳理项目情况		后台信息录入	审定
2	报价评审会		配合项目经理对面积资料进行报价整理，特殊情况及时组织相关领导进行会议讨论		审定			核对（面积范围、非公司业务范围内的外包服务咨询、时间计划、人员计划、投标资料等）			审定
3	项目报价	甲方确认我方服务范围及报价，并发起相关审定流程	服务计划书、投标文件等资料整理，发起流程，配合甲方完成项目线上招标或者线下招标流程		监管跟踪			协助跟踪		盖章、封标寄出等配合	
4	报价洽谈/敲定	甲方内部对设计单位进行选择定审	定期跟踪报价，确保甲方对项目报价流程的推进；同甲方办理委托手续，开展下一阶段合同办理工作		协同			催办项目金额确认及委托手续及合同手续，同时根据情况开展项目工作			
5	合同/补充协议拟定跟踪		查看合同内容，对非战略合同摘录重要合同条款，与甲方对不利条件沟通谈判；定期跟踪，每周汇报，确保甲方对合同流程的推进	合同摘录并审核	对合同价格等条款审核	对合同内设计、成果等约定条款审核	对合同税率、赔偿违约条款等审核	公司技管及项目经理对合同内设计内容、成果、时间等约定条款审核	对任何非我方委托第三方的设计承担连带责任评估；合同条款与招标条款的一致性评估；客户风险评估		审定
6	合同/补充协议签订归档	甲方接收我方盖章合同，并进行合同盖章	办理合同签订手续	审核、盖合同章收寄归档登记并上传钉流提示各地区及财务	审核					归档	审核

表 2-3-2 产品与服务外购招标 SOP

序号	时间节点	甲方	项目主管	项目经理	财务	地区总监	事业中心	分包商
1	招标邀请		邮件形式发起招标					
2	投标						电邮抄送	3 家或3 家以上分包参与投标
3	招标答疑			针对招标产品的材质、细节以及制作周期、付款比例等进行答疑；并且会后整理成会议纪要				
4	回标与评审			回标与评审				
5	招标定审会			以邮件的形式将会议纪要发送给团队成员				
6	落标感谢函		确认分包后以电邮的形式告知分包商				电邮抄送	电邮告知（包括落选单位）

表 2-3-3 请款（设计过程）SOP

序号	时间节点	甲方	项目主管	项目经理	商务	财务	地区总监	事业中心
1	甲方确认请款申请文件	确认请款申请文件						
2	财务开票申请		请款			开具发票	跟进及监督	
3	请款文件盖章申请		请款文件盖章申请					
4	请款文件邮寄并确认签收	请款文件邮寄并确认签收						
5	手续归档 OSS		手续归档 OSS					

表 2-3-4 丙方付款管理 SOP

序号	时间节点	甲方	项目主管	项目经理	商务	财务	地区总监	事业中心	丙方
1	根据外购合同条款申请定金付款（＊）		根据外购合同条款申请定金付款						
2	甲方确认工作成果	甲方确认工作成果							
3	丙方提供请款文件与发票								丙方提供请款文件与发票
4	申请付款 OA 并支付		申请付款 OA			支付			

表 2-3-5 分阶段设计成果调整并提交确认 SOP

序号	流程节点	甲方	项目主管	项目经理	事业中心总办专员	事业中心施工图总监	事业中心总经理	高级总监	丙方
1	调整			方案调整					
2	内审			钉钉完成内审流程	监督完成情况				
3	甲方确认	甲方确定方案							
4	加密提交			加密提交给甲方					

表 2-3-6 效果图管理流程 SOP

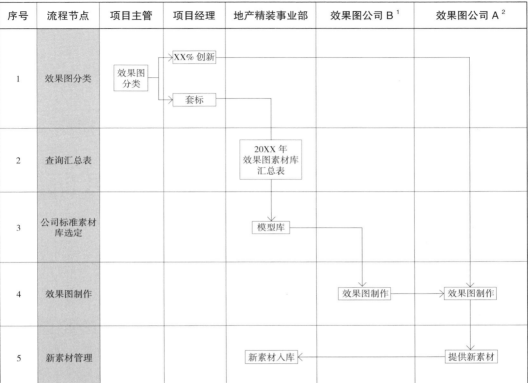

序号	流程节点	项目主管	项目经理	地产精装事业部	效果图公司 B [1]	效果图公司 A [2]
1	效果图分类	效果图分类	XX% 创新 / 套标			
2	查询汇总表			20XX 年效果图素材库汇总表		
3	公司标准素材库选定			模型库		
4	效果图制作				效果图制作	效果图制作
5	新素材管理			新素材入库		提供新素材

注释:
1 效果图公司 B:套标项目效果图公司。
2 效果图公司 A:原创项目效果图公司。

表 2-3-7 技术（设计）变更 SOP

序号	时间节点	甲方	项目主管	项目经理	商务	财务	地区总监	事业中心	丙方
1	变更需求确定	提出变更要求							
2	变更方案/深化/施工图设计初稿与内审OA		变更方案/深化/施工图设计初稿与内审 OA						
3	根据甲方意见调整并确认			根据甲方意见调整并确认					
4	终稿内审 OA			终稿内审OA					
5	加密与提交并存档			加密与提交并存档					

表 2-3-8 施工现场配合（现场服务／巡场服务）SOP

序号	时间节点	甲方	项目主管	项目经理	商务	财务	地区总监	事业中心
1	设计交底会议		设计交底会议					
2	现场配合函接收			现场配合函接收				
3	现场配合计划拟定			现场配合计划拟定				
4	提交 OA 申请			提交出差OA申请				
5	现场配合／精装设计履勘报告并存档 OSS			现场配合／精装设计履勘报告并存档 OSS				

表 2-3-9 竣工图设计 SOP

序号	时间节点	甲方	项目主管	项目经理	商务	财务	地区总监	事业中心
1	现场复尺			现场复尺				
2	现场变更汇总			现场变更汇总				
3	竣工图合图设计			竣工图合图设计				
4	竣工图内审							竣工图内审

表 2-3-10 设计资质盖章 / 报审跟踪 SOP

序号	时间节点	甲方	项目主管	项目经理	商务	财务	地区总监	事业中心
1	提报盖章单位	提报盖章单位						
2	根据盖章单位意见调整竣工图			根据盖章单位意见调整竣工图				
3	送审			送审				
4	根据送审意见调整竣工图			根据送审意见调整竣工图				
5	提交通过	提交给甲方通过						
6	内部 OA 存档			内部OA存档				

表 2-3-11 拍照管理及推广SOP

序号	流程节点	项目经理/主管	项目主创	地产精装事业中心	品牌部	地区总监	摄影师	视频制作部门
1	预约摄影师		预约摄影师（需有备选方案）					
2	设计师推文提资及答疑		创作文本、过程手稿、素材、文字、平面图（角度、需求、关注点）、项目级别设定、参考图片设计师答疑、补充资料（XX天）					
3	推文初稿评审				制作推文初稿（XX天）/审定稿（XX天）			
4	摄影师交底会		建立微信群以便沟通	参会	完整推文初稿（白图＋文字要求）心目中参考图片（提前XX个工作日通知）	参会		
5	现场摄影及协调							
6	选图管理		选图汇总（总图数不超出合同XX%）	选图	选图	选图		
7	修图						修图	
8	推文制作				制作推文			
9	短视频制作	通知视频制作部门						制作短视频（X～X天）
10	分享推广				分享推广			

表 2-3-12 预备结案会 SOP

序号	时间节点	甲方	项目主管	项目经理	商务	财务	事业中心	地区总监
1	结案资料预审			结案资料预审				
2	上会审批		上会审批					
3	借资冲销（＊）			借资冲销				
4	定审文件走OA并存档OSS		定审文件走OA并存档OSS					

2.4 OA 流程（详见表 2-4）

表 2-4-1 设计项目立项联审 OA 表单模板

数据名称	数据类型	数据内容	是否必填	其他备注
项目编号	单行输入		是	发起人填写
项目名称	单行输入		是	发起人填写
项目简称	单行输入		是	发起人填写
启动会资料	多选	项目概况，项目架构干系图，项目管理全景计划，项目分包资源计划表，设计项目工作分配干系图，套标项目管控表，效果图出图管控表，施工图排版计划表，项目甲方架构干系图，项目运营费用统计表，精装设计项目经理委任书	是	发起人填写
甲方提资	多行输入		是	发起人填写
项目经理	人员		是	发起人填写
分包资源数量	数字		是	发起人填写
分包金额	金额		是	发起人填写
分包成本占比	数字		是	发起人填写
总工时	数字		是	发起人填写
套标方案类别	单行输入		是	发起人填写
甲方是否要求升级	单选	是，否	是	发起人填写
施工图应用标准	多选	施工图排版计划表（采用 20XX 年版本），甲方版本，A2，A3	是	发起人填写
甲方联系人数量	数字		是	发起人填写
项目总成本占比	数字		是	发起人填写
OSS 存储	单选	是，否	是	发起人填写
是否已建内、外部工作沟通群	单选	是，否	是	发起人填写
开始日期、结束日期	日期范围		否	发起人填写
项目地点	单行输入		否	发起人填写
委托方名称	单行输入		是	发起人填写
甲方联系人 / 联系方式	单行输入		否	发起人填写
合同金额	金额		否	发起人填写
项目业态	单选	会所 / 营销中心，样板房，精装交标，住宅公区，商业公区，商业综合体，公寓，办公，教育，康养，酒店，其他	否	发起人填写
项目服务面积	数字		是	发起人填写
甲方需求	多行输入		是	发起人填写
对标项目	单选	甲方指定，内部指定	是	发起人填写
对标项目名称	单行输入		是	发起人填写

续表 2-4-1

数据名称	数据类型	数据内容	是否必填	其他备注
对标标准	单行输入	复制对标，优化对标，无	是	发起人填写
项目使用性质	单选	永久，临建	是	发起人填写
服务形式	单选	设计，软施	是	发起人填写
工作服务阶段	多选	概念方案设计，方案深化设计，施工图扩初设计，施工图深化设计，定制采购设计，精装户型优化	是	发起人填写
CAD 方案模块确认	单选	已确认，未确认	是	发起人填写
设计取费	金额		是	发起人填写
合同付款要求及交付成果要求截图	附件	如合同未签订，根据甲方合同模板上合同付款条件及交付成果要求截图上传，合同签订后重新走设计立项流程	是	发起人填写
建设管理费	金额		是	发起人填写
硬装修标准 / 投资成本	多行输入		否	发起人填写
软装饰标准 / 投资成本	多行输入		否	发起人填写
是否需要摄影	单选	需要，不需要	是	发起人填写
拍摄预计日期	日期范围		否	发起人填写
是否需要推广	单选	需要，不需要	是	发起人填写
甲方是否有协议要求不可做任何形式的推广	单选	有，无	是	发起人填写
设计项目架构干系图	附件		是	发起人填写
设计项目全景计划表	附件		是	发起人填写
设计项目运营费用统计	附件		是	发起人填写
项目文件存放路径	附件		是	发起人填写
钉钉项目群组	附件		是	发起人填写
施工图排版规划	附件		否	发起人填写
分包资源计划	附件		是	发起人填写
项目概况	附件		是	发起人填写

表 2-4-2 硬装设计成果内审 OA 表单模板

数据名称	数据类型	数据内容	是否必填	其他备注
项目编号	单行输入		是	发起人填写
项目名称	单行输入		是	发起人填写
计划交图时间	日期		是	
是否按计划交图	单选	是，否	是	发起人填写
项目类型	单选	A，B	是	发起人填写
评审内容	单选	概念设计技术成果文件，深化设计技术成果文件，施工图设计技术成果文件	是	发起人填写
备注说明	多行输入		否	发起人填写
设计成果文本	附件		是	发起人填写
说明文字	多行输入		是	发起人填写

表 2-4-3 分包商入库 OA 表单模板

数据名称	数据类型	数据内容	是否必填	其他备注
申请人	人员		是	发起人填写
申请部门	部门		是	发起人填写
一级分类	单行输入		是	发起人填写
供应商编号	单行输入		是	发起人填写
公司全称	单行输入		是	发起人填写
公司地址	单行输入		是	发起人填写
公司联系电话	数字		是	发起人填写
营业执照	附件		否	发起人填写
资格等级	附件		是	发起人填写
业务联系人名称	单行输入		是	发起人填写
业务联系人职务	单行输入		是	发起人填写
业务联系人手机	数字		是	发起人填写
业务联系人邮箱	单行输入		是	发起人填写
报价体系	附件		否	发起人填写
付款方式	单选	对公银行，对私转账	是	发起人填写
银行账户	数字		是	发起人填写
开户支行	单行输入		是	发起人填写
提供何种票据	单选	专票，普票，收据	是	发起人填写
备注	多行输入		否	发起人填写

表 2-4-4 概念、深化阶段移交事业中心 OA 表单模板

数据名称	数据类型	数据内容	是否必填	其他备注
项目编号	单行输入		是	发起人填写
项目名称	单行输入		是	发起人填写
开始日期、结束日期	日期范围		是	发起人填写
项目业态	单选	会所/营销中心,样板房,精装交标,住宅公区,商业公区,商业综合体,公寓,办公,教育,康养,酒店,其他	是	发起人填写
甲方需求	多行输入		是	发起人填写
项目启动会时间	日期		是	发起人填写
项目概况表	附件		是	发起人填写
设计项目架构干系	附件		是	发起人填写
设计项目全景计划表	附件		是	发起人填写
设计项目运营费用统计表	附件		是	发起人填写
设计项目分包资源统计表	附件		是	发起人填写
备注	多行输入		否	发起人填写
事业中心人员	人员		是	事业中心总经理填写

表 2-4-5 项目员工日报 OA 表单模板

数据名称	数据类型	数据内容	是否必填	其他备注
填报日期	日期		是	发起人填写
员工姓名	人员		是	发起人填写
员工职级	单选		是	发起人填写
明细(1)M-项目部工作任务委派	关联审批单		是	发起人填写
甲乙往来信息传云服否	多选	已传云服,未传云服	是	发起人填写
工作成果完成内审否	单选	已完成内审,未完成内审	是	发起人填写
服务阶段	单选	项目服务开始前阶段,动线设计,户型优化,概念设计,深化设计,扩初设计,施工图设计,定制采购设计,配合报建,施工配合,参见备注	是	发起人填写
开始时间,结束时间	日期范围		是	发起人填写
工时(小时)	数字		是	发起人填写
工作形式	单选	外勤,办公室	是	发起人填写
备注	多行输入		否	发起人填写
附件	附件		否	发起人填写
增加明细				

表 2-4-6 项目部周例会会议纪要 OA 表单模板

数据名称	数据类型	数据内容	是否必填	其他备注
所属公司	单选	深圳公司，上海公司，成都公司，集团公司	是	发起人填写
项目部门	单选	项目一部，项目二部，集团收款	是	发起人填写
开始日期	日期		是	发起人填写
结束日期	日期		是	发起人填写
在建项目数量	数字		是	发起人填写
设计中	数字		是	发起人填写
跟踪中	数字		是	发起人填写
合同金额	金额		是	发起人填写
已回款金额	金额		是	发起人填写
已完成工作未回款金额	金额		是	发起人填写
是否发生异动	单选	是，否	是	发起人填写
异动阶段	单选	概念阶段，深化阶段，施工图阶段，定制采购阶段，整改阶段	是	发起人填写
异动简述	多行输入		是	发起人填写
有否需结案项目	单选	是，否	是	发起人填写
需结案项目	单行输入		是	发起人填写
所有在建项目统计表	附件		是	发起人填写

2.5 管理表单范本

2.5.1 【XX 项目】工作成果文件签收函

XX 有限公司（根据项目合同调整为对应公司）

日期 DATE	20XX 年 XX 月 XX 日	发文人电话 SENDER TEL.	XXXXXXXX
致 TO	XX 公司	发文人 FROM	XXX
收文人 ATTENTION	XXX	签发人 CHECKED	XXX
页数 PAGES	共 X 页（含本页）	发件人邮箱 E-mail	XX@XXXX

工作成果文件签收函

项目名称	XX 项目		项目编号	XX-XXX-XXX-XXXXXX		
合同名称			面积	XX	总价	XX
文件类型	□方案设计成果文件			□施工图设计成果文件（蓝图）		
	□物料手册/表设计成果文件			□物料成果实样板		
	□竣验资料成果文件			☑样板工作设计		
	□施工图电子版文件			□其他		
文件提交方式	■邮件发送　□直接送达　□客户自取　□快递交寄					

文件名称/内容	文件份数	文件格式	总工作进度（%）	备注
XXXX	X 份	XX	XX	XX
XXXXX	X 份	XX	XX	XX

合同办理完成日期		下笔付款日期	
文件接收单位名称	XX 开发有限公司	文件接收人	XXX
文件接收地址		联系方式	XXXXX
项目地址		邮箱	

文件签发人：
文件提交人：

（单位盖章）　　日期：

签收人：

（部门盖章）　　日期：

注：特殊情况增加以下条款。

以上成果内容，如接收单位两周内未书面提出异议，则视为甲方确认。可供提交方作为继续开展相关工作的有效依据。

2.5.2 【XX 项目】工作联系函（同发票、付款问题）

XX 有限公司（根据项目合同调整为对应公司）

日期 DATE	20XX 年 XX 月 XX 日	发文人电话 SENDER TEL.	XXXXXXXX
致 TO	XX 公司	发文人 FROM	XXX
收文人 ATTENTION	XXX	签发人 CHECKED	XXX
页数 PAGES	共 X 页 (含本页)	发件人邮箱 E-mail	XX@XXXX

工作联系函（同发票、付款问题）

敬启者：

您好！

首先感谢您及贵司的信任，我司对有机会为【XX 项目】提供相关专业服务倍感荣幸！

项目团队于 XX 年 XX 月 XX 日接贵司委托，完成该项目的室内装饰设计（施工图套标设计 / 方案套标设计 / 软装配置实施）的相关工作，需于 XX 年 XX 月 XX 日完成项目的合同（委托函）签订。根据相关计划与安排，现该项目执行情况如下：

1. 于 XX 月 XX 日提交 XX 阶段工作成果，得到（邮件 / 确认函附件 1）确认，并批准安排下阶段工作。

2. 于 XX 月 XX 日提交 XX 阶段工作成果，得到（邮件 / 确认函附件 2）确认，并批准投入项目应用。

3. 于 XX 月 XX 日所有工作阶段全部完成，并已投入使用。

4. 于 XX 月 XX 日开具并提交了第 X 笔发票，共计：XX 元（大写：人民币 XXX），并于 XX 月 XX 日收到发票（邮件 / 确认函附件 3）。但现尚未收到相应款项，烦请您协助办理（请求事项）。

承蒙通力协助与支持，不胜感谢！

顺祝商祺！

注：特殊情况增加以下条款。

以上成果内容，如接收单位三日内未书面提出异议，则视为甲方确认。可供提交方作为继续开展相关工作的有效依据。

2.5.3【XX 项目】会议记录

会议记录				
议题：			主　持：	
出席：				
地点：		时间：	执行人：	
抄报：				
抄送：				

2.5.4【XX 项目】方案汇报会议纪要

XX 有限公司（根据项目合同调整为对应公司）

日期 DATE	20XX 年 XX 月 XX 日	发文人电话 SENDER TEL.	XXXXXXXX
致 TO	XX 公司	发文人 FROM	XXX
收文人 ATTENTION	XXX	签发人 CHECKED	XXX
页数 PAGES	共 X 页 (含本页)	发件人邮箱 E-mail	XX@XXXX

方案汇报会议纪要

项目名称	XXXXXXX	项目编号	XX-XXXXXX-XXX
项目地点		日期 / 时间	20XX 年 XX 月 XX 日
参会人员	业主方：XXX 顾问方：XXX	记录人	XXX
会议议题			

纪要内容：

一、

二、

三、

……

会签栏	

2.5.5【XX 项目】设计变更通知单

设计变更通知单

工程名称	XXXXXX	变更编号	XX
项目编号	XXXXXX	专业名称	装饰
设计单位	XXXXXX	设计阶段	深化
建设单位	XXXXXX	出图日期	20XX 年 XX 月 XX 日

序号	图纸编号	变更原因	变更内容
1	修改部位对应的施工图图纸编号	因为 XXXX/ 为了 XXXX	XX 部位（轴线 xx–yy/xx–yy 之间）的 xx 做法修改为 yy 做法 /xx 材料修改为 yy 材料（材料选型详见附件（附件需要包含材料名称、技术参数、材料样板图片））/XX 部位（轴线 xx–yy/xx–yy 之间）需要补充节点做法 / 平面图纸 / 立面图纸，修改节点做法 / 增加节点详见附图，附图编号 XXXX
2	修改部位对应的施工图图纸编号		XX 部位（轴线 xx–yy/xx–yy 之间）的 xx 做法修改为 yy 做法 /xx 材料修改为 yy 材料（材料选型详见附件（附件需要包含材料名称、技术参数、材料样板图片））/XX 部位（轴线 xx–yy/xx–yy 之间）需要补充节点做法 / 平面图纸 / 立面图纸，修改节点做法 / 增加节点详见附图，附图编号 XXXX
3	修改部位对应的施工图图纸编号		XX 部位（轴线 xx–yy/xx–yy 之间）的 xx 做法修改为 yy 做法 /xx 材料修改为 yy 材料（材料选型详见附件（附件需要包含材料名称、技术参数、材料样板图片））/XX 部位（轴线 xx–yy/xx–yy 之间）需要补充节点做法 / 平面图纸 / 立面图纸，修改节点做法 / 增加节点详见附图，附图编号 XXXX。
签字栏		建设单位	

备注：
1. 如涉及增加工程造价或影响工期的情况，施工方应经建设方批准签署后方可实施。
2. 如变更须由建设单位分别送达监理单位和施工单位。
3. ……
注：特殊情况增加以下条款。
以上成果内容，如接收单位三日内未书面提出异议，则视为甲方确认。可供提交方作为继续开展相关工作的有效依据。

2.5.6 【XX 项目】现场服务报告

XX 有限公司（根据项目合同调整为对应公司）

日期 DATE	20XX 年 XX 月 XX 日	发文人电话 SENDER TEL.	XXXXXXXX
致 TO	XX 公司	发文人 FROM	XXX
收文人 ATTENTION	XXX	签发人 CHECKED	XXX
页数 PAGES	共 X 页 (含本页)	发件人邮箱 E-mail	XX@XXXX

现场服务报告

项目名称	XXXXXXXX	项目编号	XX–XXXXXX–XXX
收件人			
发件人		日期	20XX 年 XX 月 XX 日

现场情况一：
文字（或照片）说明情况

现场意见：

解决方案：（根据实际情况填写）
1. 最终施工图纸
2. 变更图纸
3. 手稿
4. 参考图片

现场情况二：
文字（或照片）说明情况

现场意见：

解决方案：（根据实际情况填写）
1. 最终施工图纸
2. 变更图纸
3. 手稿
4. 参考图片

甲方确认 （签字）		日期	

2.5.7【XX 项目】出差记录单

出差记录单

项目名称		项目编号	
出差地点		出差天数	
出差申请人		职务	
出差时间	年　月　日　时至　　　　年　月　日　时		
出差事由			

甲方签字确认：

项目负责人：

年　　　月　　　日

2.5.8【XX 商业地产精装设计项目】进场确认函

XX 有限公司（根据项目合同调整为对应公司）

日期 DATE	20XX 年 XX 月 XX 日	发文人电话 SENDER TEL.	XXXXXXXX
致 TO	XX 公司	发文人 FROM	XXX
收文人 ATTENTION	XXX	签发人 CHECKED	XXX
页数 PAGES	共 X 页 (含本页)	发件人邮箱 E-mail	XX@XXXX

进场确认函

敬启者：

您好！

首先感谢您及贵司对我司的信任，我司对有机会为贵司提供【XXX 软装项目】相关专业服务倍感荣幸。

目前我司按贵司要求完成该项目的定制采购生产，为了规范软装项目现场实施作业，加强现场管理，同时确保项目工期、质量要求，烦请贵司确认以下相关信息：

一、进场时间：_____ 年 _____ 月 _____ 日上午

二、项目地点：_____

三、货车尺寸：_____ 米（以实际尺寸为主）

四、垃圾指定堆放点：_____（需与甲方沟通确认）

五、我司联系人：XXX ，联系电话：_____

贵司联系人：XXX ，联系电话：_____

如对以上信息内容无异议，请贵司在收到此函件后签字回复我司，以便我司以此为依据展开下一阶段工作。如进场时间延后，烦请贵司提前 7 个工作日通知我司安排进场事宜。若收到贵司进场确认函后进场条件发生变更，所产生的货物存储或二次搬运费用等，由甲方承担。

再次感谢贵司的帮助与支持，谢谢！

顺祝商祺！

甲方联系人（签字）：

日期：20XX 年 XX 月 XX 日

2.5.9 【XX 软装项目】竣工验收单

XX 有限公司（根据项目合同调整为对应公司）

日期 DATE	20XX 年 XX 月 XX 日	发文人电话 SENDER TEL.	XXXXXXXX
致 TO	XX 公司	发文人 FROM	XXX
收文人 ATTENTION	XXX	签发人 CHECKED	XXX
页数 PAGES	共 X 页（含本页）	发件人邮箱 E-mail	XX@XXXX

竣工验收单

敬启者：

您好！

首先感谢您及贵司对我司的信任，我司对有机会为贵司提供【XXX 软装项目】专业服务倍感荣幸。

我司于 XX 年 XX 月 XX 日接贵司委托，开展题述软装配置实施工作，于 XX 年 XX 月 XX 日根据合同及双方友好协商约定的相关技术成果，已按时、按质、按量完成软装相关的配置工作，请贵司确认！

承蒙支持，不胜感谢！

顺祝商祺！

甲方联系人（签字）：

日期：20XX 年 XX 月 XX 日

2.5.10 【XX 项目】授权委托书

授权委托书

　　XX 有限公司现委托 XXX 为我方代理人，代理人联系电话：XXXXXXXX。代理人在 XX 项目的设计工作过程中所签订的一切事务，我方均已承认其法律后果由我方承担。代理人无转委托权。

委托期限：自本授权委托书签署之日起。

授权方：XX 有限公司

委托代理人：XXX

身份证号码：XXXXXXXXXXXXXXXXXX

20XX 年 XX 月 XX 日

2.5.11 【XX 项目】调整意见反馈函

XX 有限公司（根据项目合同调整为对应公司）

日期 DATE	20XX 年 XX 月 XX 日	发文人电话 SENDER TEL.	XXXXXXXX
致 TO	XX 公司	发文人 FROM	XXX
收文人 ATTENTION	XXX	签发人 CHECKED	XXX
页数 PAGES	共 X 页（含本页）	发件人邮箱 E-mail	XX@XXXX

【XX 项目】调整意见反馈函

调整意见如下：

序号	时间	公区 / 户型	调整意见	备注	回复	对接人
1	XX 月 XX 日	公区	对于车马厅效果需要考虑：标准、用材、做法沿用我们已经确认的那一版惠州的做法，但不同户型表现的手法可以不一样，如有些户型可以作为一个缓冲区、等候休息区等，我方发几个图作为参考意见	处理中	已让方案设计师参考甲方提供的意向图，综合考虑后期公区效果图的表现手法	XXX / XXX
2	XX 月 XX 日	公区	公区文本：风雨连廊吊顶与电梯内部调整	已完成	XX 月 XX 日已调整完风雨连廊吊顶与电梯内部效果图并发甲方确认	XXX
3	XX 月 XX 日	公区	首层 / 标准层 / 地下室样板过深，需重新送样	厂家送样中	与 XX 和 XX 联系，厂家正配合重新找样，XX 月 XX 日重新寄样到我司确认	XXX
5	XX 月 XX 日	户型	户内跟公区选择的大板与瓷砖排版图，让厂家提供，比如某一款砖厂家生产时候有 XX 个模板纹理加一起是一个面，把这 XX 个拼在一起的图发一个过来，图片纹路大一点，使领导能看清楚	已完成	联系厂家后厂家在 XX 月 XX 日收集完图片发于我司，我司整理完于 XX 月 XX 日晚发于甲方	XXX
6	XX 月 XX 日	户型	精装户型材料手册的调整	已完成	XX 月 XX 日调整完已提交于甲方	XXX
7	XX 月 XX 日	户型	XX 平方米 /XX 平方米户型精装样板房概念文本	已提交，待确认后开展深化阶段	计划 XX 月 XX 日提交于甲方	XXX

以上意见若无异议请签字确认，我司将尽快执行并落实！

2.5.12 【XX 项目】项目经理委任书

XX 精装设计 / 软装实施项目经理委任书

任务委托方：XX 公司

1. 项目基本信息

项目名称	项目编号	合同 / 报价金额	启动日期	预计交付日期
说明：本项目工作时间计算从 20 XX 年 XX 月 XX 日至项目结案。				

2. 工作职责

接受 XX 公司委派的精装设计 / 软装实施相关业务。

制定项目计划：业务成果交付 (质量和数量) / 时间进度 / 人员配置。获审批后执行。

任务受托方（签名）：

联系电话：

签署日期：

2.5.13 【XX 项目】人员变动通知

关于 XX 有限公司 XX 公司
人员变动通知函

尊敬的客户及合作伙伴：

　　您好，感谢您一直以来对 XX 有限公司的信任及支持。原负责此项目的项目经理 / 设计师 XXX 因工作安排原因，自 20XX 年 XX 月 XX 日起全部移交给 XXX 来负责。敬请谅解！

其联系方式：

　　电话：XXXXXXXX

　　邮箱：XX @XXXX

　　特此通告！

XX 有限公司

20XX 年 XX 月 XX 日

2.5.14 室内装饰方案设计合同范本

甲方合同编号：   乙方合同编号：

XX（开发商名称） · XX（城市名称）XX（项目名称）
室内装饰方案设计

甲　方：XX 有限公司（同开票公司）

乙　方：

签订地点：

签订时间：20XX 年 XX 月 XX 日

甲　方：_____（以下简称甲方）

乙　方：_____（以下简称乙方）

甲方委托乙方承担 XX（开发商名称）·XX（城市名称）XX（项目名称）室内装饰方案设计，工程地点：XXXXXXXX，经双方协商一致，签订本合同，共同执行。

1　本合同签订依据

1.1《中华人民共和国合同法》

1.2《中华人民共和国建筑法》

1.3 国家、住建部及项目所在地有关法规、标准、规范及规定

2　合同文件的优先次序

构成本合同的文件可视为能互相说明的，除特殊说明外如果合同文件存在歧义或不一致，则根据如下优先次序来判断：

2.1 合同书

2.2 报价函

3　室内装饰方案设计服务内容

根据甲方要求及设计任务书要求，提供室内装饰方案设计及相关设计文件。文本共 X 套（见各项目要求）。

3.1 设计阶段及提交成果

3.1.1 设计阶段（具体以各项目业主提供的设计合同要求为准则编写）

XX 精装设计 / 软装实施项目经理委任书

任务委托方：XX 公司

项目基本信息：

阶段	节点	工作内容	文件格式
概念方案 设计阶段			PPT/PDG/JPG
深化方案 设计阶段			PPT/PDG/JPG

3.1.2 以上内容，与附件一互为补充，其他要求见项目部设计委托函。（附件一为提交成果的详细说明文件，可表格形式，可文字形式。依据具体项目情况增加、删减。）

3.1.3 其他属于本设计相关工作的阶段。

3.2 项目名称及设计内容：XX（开发商名称）·XX（城市名称）XX（项目名称）室内设计

3.3 设计规模：（根据项目需要来调整）

4 甲乙双方向对方提交的有关资料、文件及时间

4.1 甲方向乙方提交的有关文件名称及时间：

文件名称	时间	备注
XX	XX	
XX	XX	
（其他文件）	XX	

如乙方需求资料在上述规定范围以外，乙方应及时以书面形式向甲方索要，如因乙方未提出此类要求而影响设计工作，责任由乙方承担，并不得以此为依据减轻或免除本合同中乙方应当承担的责任。

4.2 乙方向甲方交付的设计文件名称、份数及时间：（根据项目需要调整）

文件名称	份数	时间
概念方案设计文本	X	20XX 年 XX 月 XX 日
深化方案设计文本		
（其他文件）	X	20XX 年 XX 月 XX 日

以上约定，以附件一为准（附件一为提交成果的详细说明文件，可表格形式，可文字形式。依据具体项目情况增加、删减）。

5 付款

5.1 本项目的室内装饰设计服务费，经双方友好协商为：

人民币（大写）：XXXXXX 圆整（小写：￥XXXXXX 元整）

总价款构成（设计面积详见附件）：

序号	设计区域	面积	单价	合计（人民币：元）
1				
2				
3				
总计	人民币（大写）：XXXXXX 圆整（小写：￥ XXXXXX 元整）			

5.1.1 以上费用包含乙方在本合同中对应方案设计阶段产生的所有设计制作费用，如市区内差旅费、税费、意外保险等。（如甲方项目部需要乙方到异地出差，由甲方指定并承担交通及住宿费。）

5.1.2 本合同工作内容 10% 以内的增减、调整及因自身设计技术问题导致的修改调整，合同内费用不做任何调整，如增减或方案修改超过 10% 则双方根据情况另行协商。

5.2 付款进度如下：（可根据项目实际情况调整付款比例）

期数	付款条件	比例	金额
第一期	合同签订	30%	大写：人民币 X 万 X 仟 X 佰 X 拾 X 圆整 小写：￥ XXXXXX 元整
第二期		60%	大写：人民币 X 万 X 仟 X 佰 X 拾 X 圆整 小写：￥ XXXXXX 元整
第三期		10%	大写：人民币 X 万 X 仟 X 佰 X 拾 X 圆整 小写：￥ XXXXXX 元整

5.3 双方委托银行代付代收有关费用。

5.4 甲方项目部付款时，如要求提供发票，乙方应先提供真实有效的等额发票（在约定含税的前提下），否则甲方有权拒绝付款并不承担违约责任。

5.5 双方账户信息如有调整，应及时通知对方调整的新账户信息，应有原账户证明确认，并以对方确认收到为准，如因此造成付款延误付款方不承担违约责任。

5.6 以上合同预付款抵作设计费。

5.7 以上款项，甲方以银行转账的方式支付。

5.8 甲方开票信息：（根据项目实际签订公司开具发票）

公司名称：

统一社会信用代码：

账　　号：

开　户　行：

地址及电话：

5.9 乙方收款信息：

开　户　名：

开户账号：

开户银行：

6 甲方责任

6.1 向乙方提交基础资料及文件。

6.2 在合同履行期间，甲方要求终止或解除合同，乙方未开始设计工作的，退还甲方已付的定金；已开始设计工作的，甲方应根据乙方已进行的实际工作量，不足一半时，按该阶段设计费的一半支付；超过一半时，按实际工作量支付设计费。

7 乙方责任

7.1 乙方应按国家规定和合同约定的技术规范、标准进行设计，按本合同规定的内容、时间及份数向甲方交付设计文件，并对其完整性、正确性、适用性、经济合理性及时限负责。

7.2 乙方对设计文件出现的遗漏或错误负责无条件修改或补充。由于乙方设计错误造成的设计返工或工程质量事故损失，乙方应负责采取补救设计及相关修改，免收该部分及相关修改的设计费。给甲方造成的损失乙方须负连带责任，依据项目损失情况进行全额赔偿。

7.3 由于乙方原因，延误了设计文件交付时间，并因此给甲方造成损失的，乙方应赔偿甲方所有直接损失。

7.4 合同生效后，乙方要求终止或解除合同，乙方应返还甲方已支付的所有款项。若因此给甲方造成损失，乙方还应全额赔偿。

7.5 作为方案设计师，应无条件配合甲方的管理，对本项目所涉及的设计及其他相关设计提出合理化建议，并交甲方参考审核。

7.6 如不是因为甲方的方案、设计范围发生变化而引起的设计调整，乙方应无条件修正更改，不得推诿。

7.7 其他（根据项目来调整）。

8 设计人员

8.1 在本项目设计过程中，未经甲方同意，不得私自外包；乙方应保证设计人员的稳定性，不得擅自更换专业负责人以上级别的设计人员。在确实需要更换人员情况下，乙方需向甲方说明情况，并经甲方书面认可，乙方不得以人员更换为由而无故延误与甲方项目部所约定的设计要求及工期。

8.2 如乙方设计人员变更后新设计人员资历和能力达不到原设计人员水平，甲方有权要求酌情降低设计费用。如属核心设计人员变更导致乙方的设计达不到设计要求，甲方有权终止合同，并不再支付未支付的设计费用。

8.3 甲方指派 ____XXX____ 作为甲方项目代表，负责与乙方联络并确认全面的工作安排事宜。

甲方指派 __XXX__ 作为甲方技术代表，负责与乙方联络并确认技术方面的工作事宜。

甲方联系人电话：_____　　邮箱：_____　　QQ 号：_____

乙方指派 __XXX__ 作为乙方代表，负责与甲方联络并确认技术及工作安排的工作事宜。

乙方指派 __XXX__ 作为乙方应急联络代表，负责在乙方代表联系不上的情况下与甲方对接。

乙方联系人电话：_____ 邮箱：_____ QQ 号：_____

双方代表如发生变更，需书面通知对方。

9 设计变更

设计变更是指乙方对根据甲方要求已完成的设计文件进行改变和修改。设计变更包含由于乙方原因和非乙方原因的变更。

9.1 设计变更流程

9.1.1 由乙方提出的设计变更，应征得甲方同意后方可进行设计变更。

9.1.2 非乙方原因进行的设计变更，自接到甲方书面通知后，在符合相关规范和规定的前提下，乙方应当进行设计变更，相关费用由双方协商确认。

9.2 设计变更费用

9.2.1 一般性修改（包括对设计方案进行多次调整）乙方不收取变更设计费，但若甲方对确认后的设计方案要求作大调整，甲方应向乙方支付相应的费用，具体数量双方协商确定。

9.2.2 因乙方原因造成的修改设计、变更设计、补充设计及在原定设计范围内的必要设计，无论工作量增幅大小，由乙方负责并自行承担相关设计费用。

9.3 设计变更引起的工期变更

9.3.1 非乙方原因引起重大设计变更，以致造成乙方设计进度时限的推迟，双方另行协商变更工期。

9.3.2 乙方原因（除不可抗力外）导致的设计变更，乙方应尽量在不影响项目建设工期的前提下提交设计资料。如因此导致建设工期延误，按本合同 7.3 条的约定执行。

9.3.3 一切以协议为准。

10 知识产权

10.1 著作权的归属：乙方为履行本合同而完成的全部设计成果的所有权、著作权等知识产权均归甲方。

乙方对其设计成果及文件成果享有署名权，但不得侵犯和泄露甲方任何商业机密。

10.2 未经甲方同意，乙方不得将设计复制于本项目范围以外的户型上及将乙方交付给甲方的设计文件向第三方转让，如发生以上情况，甲方有权索赔。

10.3 乙方应保证设计工作不侵犯任何第三方的知识产权，由此引发的争议均由乙方承担全部责任，一切与甲方无关。

10.4 若因乙方原因解除合同，则甲方可以继续使用乙方施工图纸等资料或作品，甲方不因此对乙方承担任何知识产权的侵权或违约责任。

10.5 因乙方原因或不可抗力的因素造成的合同终止或合同暂停，对已付费设计成果的所有权、著作权等知识产权均归甲方所有。

11 保密条款

11.1 乙方承诺，未经甲方书面同意，乙方不得将甲方提供的任何资料（包括但不限于项目信息、商业秘密等）及本项目的任何工作成果、设计资料用作本合同以外的用途，且不能向第三方泄露所知悉的商业秘密。乙方应对本合同内容及合作中知悉的甲方商业秘密进行保密，未经甲方书面同意，不得向第三方泄露。否则甲方有权随时终止合同，并要求乙方承担相当于本合同价款的违约金，违约金不足于抵扣甲方损失的，甲方有权另行向乙方追索由此而引起的所有经济损失。

11.2 保密条款为永久性有效条款，不因合同终止而失效。

11.3 本合同解除或者终止时，乙方应当立即停止使用甲方提供的一切相关资料，同时应当按照甲方的要求，将资料予以删除或销毁。

11.4 乙方应履行的其他保密义务。

12 争议解决方式

12.1 双方因履行本合同发生的任何争议，甲方与乙方应及时友好协商解决，协商不成的，向 XXXX 仲裁院申请仲裁解决。

13 合同生效及其他

13.1 甲方要求乙方派专人长期驻施工现场进行配合与解决有关问题时，双方应另行签订技术咨询服务合同。

13.2 由于不可抗力因素致使合同无法履行时，双方应及时协商解决。

13.3 本合同双方签字盖章即生效，一式肆份，甲方贰份，乙方贰份，具同等法律效力。

13.4 双方认可的来往传真、电报、会议纪要等，均为合同的组成部分，与本合同具有同等法律效力。

13.5 未尽事宜，经双方协商一致，签订补充协议，补充协议与本合同具有同等效力。

13.6 附件

（企业提交资料）

13.6.1 公司营业执照

13.6.2 授权委托书

13.6.3 法人代表身份证复印件

13.6.4 被委托人身份证复印件

13.6.5 主要设计人员名单及资料

（个人提交资料）

13.6.6 主要负责人身份证复印件

13.6.7 报价函

（以下无正文）

甲方名称（盖章）：   乙方名称（盖章）：

法定代表人：（签字）＿＿＿＿＿＿＿   法定代表人：（签字）＿＿＿＿＿＿＿

委托代理人：（签字）＿＿＿＿＿＿＿   委托代理人：（签字）＿＿＿＿＿＿＿

住　　所：   住　　所：

邮政编码：   邮政编码：

电　　话：   电　　话：

传　　真：   传　　真：

开户银行：   开户银行：

银行账号：   银行账号：

开　户　人：   开　户　人：

合同签订日期：　　　　年　　　月　　　日

2.5.15【XX 项目】管理关键信息表

【XX 项目】管理关键信息表

项目名称及编号			XX 户型样板房软装实施项目	
序号	目录			
1	*项目名称 / 项目编号		XX 户型样板房软装实施项目	
2	项目简称		XX 户型软施	
3	*开始时间		20XX 年 XX 月 XX 日	
4	*结束时间		20XX 年 XX 月 XX 日	
5	项目地点		XXXX	
6	委托方名称		XX 有限公司	
7	甲方联系人 / 联系方式		XXX/136XXXXXXXX	
8	合同总金额		XXX 元	
9	*项目业态		样板房	
10	项目类别		样板房	
11	项目服务面积		XX 平方米	
12	项目使用性质		永久	
13	服务形式		软施	
14	*工作服务阶段		方案深化设计；定制采购设计；软装摆场	
15	CAD 方案模块确认			
16	*设计取费（是否战略价）		是	
17	建设管理费		/	
18	是否需要摄影		/	
19	是否需要推广		/	
启动会分表关键信息汇总				
	分表名称	是否存在	分表重点内容	
20	项目概况	√	甲方提资	按甲方效果图出深化方案，给出故事线
21	项目架构干系图	√	项目经理	XXX
22	项目管理全景计划	√	时间周期	20XX 年 XX 月 XX 日至 20XX 年 XX 月 XX 日
23	*项目分包资源计划表	√	分包资源数量	分包数量：XX 个
				分包金额：XXXXXX
				分包成本占比：XX%
26	设计项目工作分配干系图		总工时	
27	*套标项目管控表		套标方案类别	
			甲方是否要求升级	
			对标项目名称	
			对标优化比例	
31	*效果图出图管控表		原创 / 套标	
32	*施工图应用标准	施工图排版计划表（采用 2021 年 4.0 版本）	A2/A3	
		甲方版本	A2/A3	
34	项目甲方架构干系图	√	甲方联系人数量	总__人，XXX、XXX
35	*项目运营费用统计表	√	项目总成本占比	XX%
36	精装设计项目经理委任书	√	项目经理是否签字	是
37	OSS 存储	√		
38	是否已建内、外部工作沟通群	√	是	
制表人：XXX			填表人：XXX	

2.5.16【XX 项目】甲方架构干系图

【XX 项目】甲方架构干系图

姓名	岗位

2.5.17【XX 项目】架构干系图

【XX 项目】架构干系图

姓名		职责	电话	邮箱
甲方对接人	XXX	商务对接	XXXX	XX@XXXX
甲方对接人	XXX	设计对接	XXXX	XX@XXXX
乙方商务对接人	XXX	商务代表	XXXX	XX@XXXX
方案设计	XXX	项目技术负责人	XXXX	XX@XXXX
方案设计	XXX	设计师	XXXX	XX@XXXX
项目主管	XXX	项目管理	XXXX	XX@XXXX

续图

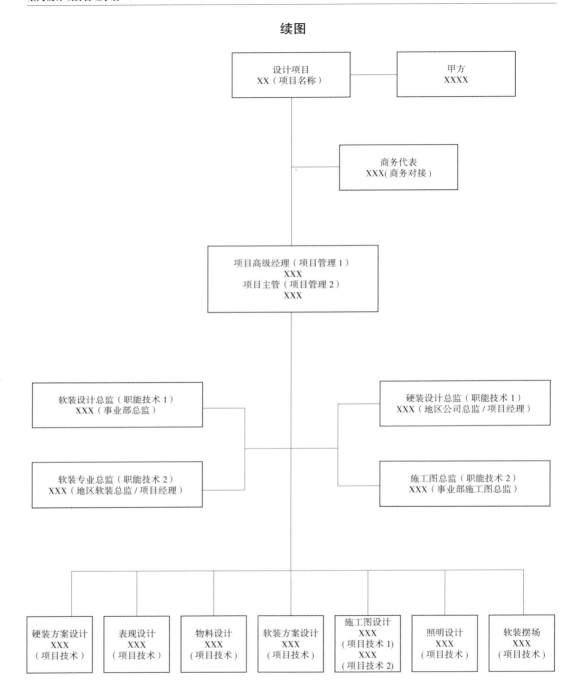

2.5.18【XX项目】管理全景计划（设计）

XX项目管理全景计划

序号	阶段名称	工作内容	人员安排	计划时间（工作日）	全景计划 20XX/XX/XX–20XX/XX/XX
1	分项汇总	立项总共用时			
		设计总用时			
		启动会			
		概念设计阶段			
		扩初设计阶段			
		施工图阶段			
		项目拍摄			
2	项目名称	项目启动会	项目组所有同事		
	概念设计阶段	概念方案			
		平面方案			
		*方案内审			
		根据甲方意见概念方案调整			
		概念方案调整及提交			
	扩初设计阶段	扩初方案设计			
		效果图设计			
		扩初方案内审及提交			
		甲方意见反馈及调整			
		扩初方案再次提交			
	施工图设计阶段	平立面系统图			
		节点系统图			
		施工图审核及调整			
		*施工图提交			
3	后期跟踪				
4	拍摄	项目拍摄	拍摄立项		
			拍摄计划时间		
			精修时间		
			照片提交时间		

备注：可用颜色色块标注国家法定节假日、周六、周日、计划时间节点、企业假期、实际完成时间节点、工作修改时间等关键节点。

2.5.19【XX 项目】财务与指标管理表

【XX 项目】财务与指标管理表

合同签订公司					合同标注金额		变更合同后总金额			项目实际金额			
科目分类			数量	单价（元）即工时×职级工时单价=_元	预算工程总费用		XX月XX日调整费用			年 月预计支付费用		实际发生费用合计	剩余费用	财务与指标信息
类别	代码	分项			金额（含税/非含税）	%	预算调整费用	小计	%	第周费用	第周费用			
图文制作	B	施工图（白图）												
		硫酸纸												
		*施工图（蓝图）												
		文本打印制作												
设计分包供应商	C	*效果图费 外部设计分包C1												
		*效果图费 内部设计分包C2												
		方案设计												
		施工图外包												
		水电设计												
		机电设计												
		暖通设计												
		照明设计												
		建模设计												
		建筑设计												
		规划设计												
		景观设计												
		建筑门窗设计												
		智能化设计												
		新风设计												
		消防设计												
		地暖设计												
		空调设计												
		楼梯设计												
		结构设计												
		固装方案设计												

续表

合同签订公司				合同标注金额		变更合同后总金额		项目实际金额			
科目分类			数量	单价（元）即工时×职级工时单价=_元	预算工程总费用		XX月XX日调整费用		年　月预计支付费用		实际发生费用合计	剩余费用	财务与指标信息
类别	代码	分项			金额（含税/非含税）	%	预算调整费用	小计	%	第　周费用	第　周费用			
项目工时	D	设计概念方案阶段	技术1											
			技术2											
			技术N											
		设计深化方案阶段	技术1											
			技术2											
			技术N											
		施工图设计阶段	技术1											
			技术2											
			技术N											
		设计户型优化阶段	技术1											
			技术2											
			技术N											
		延时津贴	技术N											
		* 小计												
快递	E	快递费用												
差旅交通	F	差旅交通			食宿：_人×_天×元/（人·天）=_元									
					飞机：_人×_天×_元/（人·天）=_元									
		* 小计												
其他	G													
* 项目合计	H1	H1=B+C（不含C2）+D+E+F+G												
* 含内部分包项目合计	H2	H2=H1+C2												
保理					保理前比例									
					保理后比例									
代收金额	A2													
代付金额	A3													
合同额变更	A4				合同额变更前									
					合同额变更后									

项目部：　　　　　　　　　　　　　　　　　　　　　　　　　　　　　　　填表日期：

填表说明：1.正常用"黑色"字体；2.调增用"红色"字体；3.调减用"蓝色"字体。

2.5.20【XX 项目】分包资源计划表

【XX 项目】分包资源计划表

项目名称	XXXXXX 项目		项目编号	
业态	售楼处 / 样板房 / 公区		项目经理	
服务形式	A 创新项目 /B 套标优化项目 /C 套标复制项目			
分包类别＼分包	合作方名称 / 联系人 / 联系方式（如非战略合作，需提供 3 个供应商招标询价）		战略 / 非战略	备注
*效果图	分包单位名称			
	套标项目是否原单位绘制	□是　■否		
	经过与贵司沟通，根据贵司与我司签订的战略合作协议的约定，现将该项目效果图设计委托贵司绘制，主要服务内容如下（套标项目需找原来单位绘制）			
	区域	数量	完成时间	参考报价
	客厅		20XX 年 XX 月 XX 日	
	餐厅		20XX 年 XX 月 XX 日	
方案设计	/			
水电设计	/			
暖通设计	/			
照明设计	/			
园艺设计	/			
暖通	/			
给排水	/			
强弱电	/			
建筑门窗	/			
智能化	/			
新风	/			
消防图	/			
地暖	/			
空调	/			
楼梯	/			
结构	/			
固装加工图方案	/			
施工图设计	/			
图文制作设计	/			
家具定制采购	/			
灯饰定制采购	/			
窗帘定制采购	/			
地毯定制采购	/			
床品定制采购	/			
饰画定制采购	/			
雕塑定制采购	/			
饰品定制采购	/			
物流	/			
安装摆场	/			

2.5.21【XX 项目】效果图出图管控表

【XX 项目】效果图出图管控表

套标母版效果图					设计出图平面图					
项目名称及编号										
效果图公司类型		A		业态分类	公区	效果图单价		出图数量		XX
设计提资情况	平面图	套标方案文件	结构/点位提资	平面角度	施工图天花/立面/局部大样	SU模型	物料贴图	家具模型	套标模块	手绘方案
项目情况	套标类别	复制全套标		√	优化套标		优化比例	XX%		
	设计内容	差异		差异说明				差异占比		
		是	否							
	住宅户型	户型差异	√							
		玄关柜方案	√							
		沙发背景方案	√							
		电视背景墙方案	√							
		主卧床背景方案	√							
		儿童房方案	√							
		洗手柜方案	√							
		橱柜方案	√							
		物料表	√							
	公区	户型差异	√							
		首层大堂背景墙	√							
		地下层大堂	√							
		标准层背景墙	√							
		电梯轿厢	√							
		信报箱	√							
		架空层标准	√							
		地砖拼贴方式	√							
		墙砖拼贴方式	√							
		物料表	√							
		标识系统	√							

续表

套标母版效果图					设计出图平面图						
项目名称及编号											
效果图公司类型		A		业态分类	公区	效果图单价			出图数量	XX	
设计提资情况	平面图	套标方案文件	结构/点位提资	平面角度	施工图天花/立面/局部大样	SU模型	物料贴图	家具模型	套标模型	套标模块	手绘方案
项目情况	幼儿园	幼儿园交付标准	√									
		情况	√									
		创意主题	√									
		标准教室方案	√									
		标准过道方案	√									
		标准楼梯间方案	√									
		照明设计	√									
		声学设计	√									
		晨检室	√									
		家长休息室&亲子阅读区	√									
		保健室&隔离室	√									
		多功能媒体活动室	√									
		教具制作室	√									
		教室值班&休息室	√									
		会议室	√									
		特色教室	√									
		教师办公室	√									
		开放休息区	√									
		地区教育局规范	√									
		物料系统	√									
		标识系统	√									
		消防系统	√									
		强弱电系统	√									
		墙板设计	√									
		其他										

2.5.22【XX 项目】套标项目管控表

幼儿园套标管控表

套标母版效果图				设计出图平面图						
甲方提资情况	建筑提资	套标方案文件	效果图文件	效果图模型	套标施工图	标准 CAD 文件	物料清单	功能配置需求	交付标准	硬装修单价	备注
	√	√	√		√						
项目情况	套标类别	复制全套标					优化套标		优化比例	XX%	
	设计内容	差异		差异说明					差异比例		
		是	否								
	幼儿园交付标准	√									
	硬装修单价	√									
	创意主题	√									
	标准教室方案	√									
	标准过道方案	√									
	标准楼梯间方案	√									
	照明设计	√									
	声学设计	√									
	晨检室	√									
	家长休息室 & 亲子阅读区	√									
	保健室 & 隔离室	√									
	多功能媒体活动室	√									
	教具制作室	√									
	教室值班 & 休息室	√									
	会议室	√									
	特色教室	√									
	教师办公室	√									
	开放休息区		√								
	地区教育局规范		√								
	物料系统		√								
	标识系统		√								
	消防系统		√								
	强弱电系统		√								
	墙板设计		√								
	其他										

2.5.23 工作分配干系图

工作分配干系图 AA01

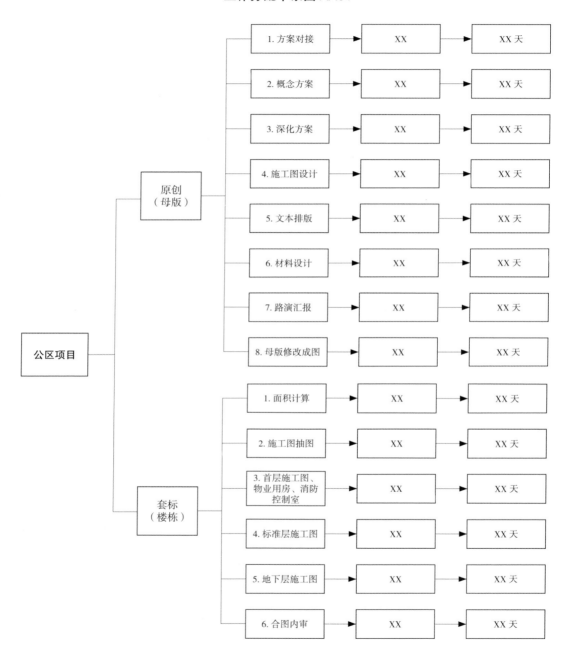

2.5.24【XX 项目】经理委任书

【XX 项目】精装设计 / 软装实施项目经理委任书

任务委托方：XX 有限公司

1. 项目基本信息

项目名称	项目编号	合同 / 报价金额	预备 / 正式启动日期	预计交付日期

说明：1. 本项目工作时间计算从 20XX 年 XX 月 XX 日至项目结案，余下工作量约定为项目_____%。
2. 合同最终金额以结案会议确定为准。

2. 工作职责

接受公司委派的精装设计 / 软装实施相关业务。

2.1 根据公司与客户签订的业务合同负责对等的责权利。

2.2 制定项目计划：业务成果交付 (质量和数量)/ 时间进度 / 人员配置 / 财务管理。获审批后执行。

2.3 负责与甲方沟通、协调，充分了解甲方要求并解决全部业务问题。

2.4 遵守公司管理 / 事业中心制定的相关管理制度 / 规定 / 标准等（包括不定期更新，详见公司云存储服务端）。

3. 工作权限

对项目成员的选择、工作安排和考核权，对批准的项目计划的监督与实施权。

4. 激励管理

本项目按 XX% 计算集团管理费，相关说明详见 "地产精装设计 / 软装实施项目经理半年度奖金管理办法"。

5. 奖惩管理

5.1 地产精装设计 / 软装实施项目管理规定

5.2 员工个人 / 团队奖罚星制度

5.3 绩效考核管理制度

5.4 项目经理半年度奖金管理办法

6. 附件

6.1XXXX 合同

任务受托方（签名）：XXXX

身份证号码：XXXX

联系电话：XXXX

签署日期：XXXX

2.5.25【XX 项目】请款函

XX 有限公司（根据项目合同调整为对应公司）

日期 DATE	20XX 年 XX 月 XX 日	发文人电话 SENDER TEL.	XXXXXXXX
致 TO	XX 公司	发文人 FROM	XXX
收文人 ATTENTION	XXX	签发人 CHECKED	XXX
页数 PAGES	共 X 页（含本页）	发件人邮箱 E-mail	XX@XXXX

【XX 项目】请款函

您好！首先感谢您及贵司对我司的信任，我司对有机会为【XX 项目】提供相关专业服务倍感荣幸。根据 20XX 年 XX 月双方签订的题述项目【XXX 室内装饰设计合同】书第 2 付款程序第 2.2 条，甲方的付款条件、付款比例、付款金额如下表所示：

金额	比例	付款条件
¥XXXX 元整	总价款 XX%	甲、乙双方签订合同后，且乙方的软装配置方案经甲方书面确认后
¥XXXX 元整	总价款 XX%	乙方完成所有摆设工作并经甲方验收合格后
¥XXXX 元整	总价款 XX%	软装保修费用（自甲方验收合格之日起半年后）

甲、乙双方签订合同后，且乙方完成所有 XXX 工作并经甲方验收合格后支付合同金额的 XX，即：¥XXXX 元。注：因第一笔发票金额不足，有 ¥XXXX 元未开具，故此次一并开具。即开票金额共计：¥XXXX 元（大写：XXXX 圆）。

我司现已按要求完成题述项目 XXX 工作成果提交，现请贵司支付题述项目以上款项，谢谢！

以上款项请汇至我司账户：

户　名：XX 有限公司

账　号：XXXX

开户银行：XXXX

以上如无不妥，请贵司及您确认签收后回传我司。谢谢！

顺祝商祺！

2.5.26【XX 项目】发票签收函

XX 有限公司（根据项目合同调整为对应公司）

日期 DATE	20XX 年 XX 月 XX 日	发文人电话 SENDER TEL.	XXXXXXXX
致 TO	XX 公司	发文人 FROM	XXX
收文人 ATTENTION	XXX	签发人 CHECKED	XXX
页数 PAGES	共 X 页（含本页）	发件人邮箱 E-mail	XX@XXXX

【XX 项目】发票签收函

您好！首先感谢您及贵司对我司的信任，我司对有机会为【XX 项目】提供相关专业服务倍感荣幸。

根据双方于 20XX 年 XX 月签订的题述项目【XX 项目室内装饰设计合同】的约定及请款函，现向贵司提供相关阶段请款，金额对应发票如下。

发票号：XXXXXX

发票金额：XX 元（大写：XX 圆整）

出票日期：20XX 年 XX 月 XX 日

以上如无不妥，请贵司及您确认签收后回传我司。谢谢！

顺祝商祺！

2.5.27【XX 项目】 内部考评表

设计服务情况评价			
事业中心 （XX 分）	财务中心 （XX 分）	综合管理中心 （XX 分）	商务中心 （XX 分）

说明：1. 客户满意度 ≥ XX 为优秀。
　　　2. 客户满意度 ≥ XX 为良好。
　　　3. 客户满意度 ≥ XX 为达标。
　　　4. 客户满意度 < XX 为不达标。

2.5.28【XX 项目】结案概况表

【XX 项目】结案概况表

项目名称 / 项目编号：		【XX 项目】/ XXXXXXXX
项目进度时间	项目简称	XX
	开始时间	20XX 年 XX 月 XX 日
	概念方案提交时间	/
	深化方案提交时间	20XX 年 XX 月 XX 日
	项目摆场时间	20XX 年 XX 月 XX 日
	验收时间	20XX 年 XX 月 XX 日
	合同签定时间	20XX 年 XX 月 XX 日
	尾款申请时间	20XX 年 XX 月 XX 日
项目地点		XX
委托方名称		XX 有限公司
甲方联系人及联系方式		XX，136XXXXXX
合同金额		XXXX 元
项目结算金额		XXXX 元
项目立项运营金额		XXXX 元
项目实际运营金额		XXXX 元
外包单位费用是否支付完成		否
项目跟财务是否平账		是
项目业态		样板房
项目服务面积		XX 平方米
项目使用性质		永久
服务形式		软施
工作服务阶段		方案深化设计；定制采购设计；其他
设计取费		XXXX 元 / 平方米
甲方单位往来资料是否归档		是
丙方单位往来资料是否归档		是
项目结案情况		否

2.5.29【XX 项目】汇总结案

【XX 项目】汇总结案

客户名称	XX 有限公司		
项目名称	【XX 项目】		
合同名称	【XX 项目】合同	合同金额（元）	￥XXXX 元
业态	样板房		
服务形式	软施		
项目管理	内容	时间	开始时间	结束时间
		计划时间		
		实际时间		
项目工作内容总结				
成本核算				

2.5.30【XX 项目】分包结果质量评价表

【XX 项目】分包结果质量评价表

项目名称		XX 项目		项目编号	XXXXXXXX
合同名称		XX 合同		合同金额	￥XXXX 元
分包单位名称		XXXX 家具有限公司			
服务分类		设计类： □概念方案设计　　□深化方案设计　　□效果图设计　　□施工图设计 □定制采购设计　　□建筑　　　　　　□给排水设计　　□园艺设计 □结构　　　　　　□机电设计　　　　□智能化　　　　□消防图 产品类： ☑家具　　□灯饰　　□饰画　　□窗帘　　□地毯　　□床品 其他＿＿＿＿＿＿＿			
评价内容			总分		评价结果（意见）
技术水平	公司规模	公司规模的完整性	XX		
	产品质量	质量是否满足合同/法规要求	XX		
		图纸/清单是否完善、整洁	XX		
		物料/尺寸是否精准	XX		
		制作成果是否符合设计要求	XX		
服务水平	服务质量	服务是否认真负责	XX		
	服务态度	项目期间是否及时配合	XX		
	售后服务	项目后期是否积极配合	XX		
时间把控		进度是否符合合同/项目要求	XX		
综合评分		服务配合是否令我方/甲方满意	XX		
合计得分				分	
备注：					

3

精 装 设 计
软 装 实 施

项目管理体系

3.1 一级 SOP 管理流程（详见表 3-1）

表 3-1 精装设计软装实施项目管理体系一级 SOP 管理流程

序号	协同人员 / 流程	商务	项目主管	项目经理	财务	地产精装事业中心	集团总经理	外协公司
1	项目交接	项目交接	接收项目	接收项目				
2	整理甲方提资		整理甲方提资；确定工作范围					
3	预备启动会		预备启动会[1]					
4	甲、乙、丙方"项目技术与管理信息周报"存储管理			技术与管理信息周报按时存放于 OSS				
5	投标设计（*）			投标设计				
6	甲方启动会		项目经理约甲方汇报项目情况，明确提资以及工作范围			参会		
7	商务合同及补充协议（变更）（**）	与甲方签订合同 / 补充协议						
8	产品与服务外购招标（*）		产品与服务外购招标					
9	正式启动会（*）			启动会[1]				
10	供应商入库					供应商入库		
11	产品与服务外购（丙方）合同签订		产品与服务外购（丙方）合同签订					
12	丙方付款管理（*）		走付款流程		支付款项			
13	设计工作外协（概念）					概念方案设计		
14	概念设计（内部）		概念方案设计					
15	设计成果内审（概念）（*）					概念方案内审（事业部总监）		
16	汇报路演（*）		路演汇报			参会	参会	
17	设计汇报（概念）（*）			概念方案汇报				
18	分阶段设计成果（概念）调整并提交确认（**）		方案调整[2]					

续表 3-1

序号	协同人员\流程	商务	项目主管	项目经理	财务	地产精装事业中心	集团总经理	外协公司
19	请款（设计过程）（*）		提交请款资料[3]		开具发票			
20	丙方付款（*）		走付款流程		支付款项			
21	设计工作外协（深化）					深化方案设计		
22	设计工作外协（照明）							照明设计
23	设计工作(内部)（照明）			照明设计				
24	深化设计（内部）			深化方案设计				
25	效果图管理（*）					效果图体系管理		
26	设计成果内审（深化）（*）					深化方案内审（事业部总监）		
27	设计成果内审（照明）（*）					照明内审（事业部总监）		
28	汇报路演（*）		路演汇报			参会	参会	
29	设计汇报（深化）（*）			深化方案汇报				
30	分阶段设计成果（深化）调整并提交确认（**）			方案调整[2]				
31	请款（设计过程）（*）		提交请款资料[3]		开具发票			
32	产品与服务外购招标（*）		产品与服务外购招标					
33	定制采购设计			定制采购设计				
34	设计成果内审（定制采购）（*）					深化方案内审（事业部总监）		
35	请款（设计过程）（*）		提交请款资料[3]		开具发票			
36	分阶段设计成果（定制采购）调整并提交确认（**）			方案调整[2]				

续表 3-1

序号	协同人员＼流程	商务	项目主管	项目经理	财务	地产精装事业中心	集团总经理	外协公司
37	成品产品管理			成品产品管理				
38	丙方付款（＊）		走付款流程		支付款项			
39	定制产品管理（＊）			定制产品管理				
40	物流管理		选定／联系物流公司					
41	现场摆场实施			摆场实施 4				
42	整改			根据甲方意见整改 5				
43	验收手续			签订验收清单				
44	物资回收			回收物资				
45	摄影		预约摄影师	跟进拍照流程				
46	丙方付款管理（＊）		走付款流程		支付款项			
47	预备结案会			梳理资料，进行预备结案 6				
48	请款（项目竣工）		提交请款资料 3		开具发票			
49	结案会			梳理资料，进行结案会				

注释：
1 【XX项目】关键管理信息表；【XX项目】分包资源计划表；【XX项目 项目管理全景计划 AB01（软施）；【XX项目】财务与指标管理表（软施）；【XX项目】架构干系图；【XX项目】甲方架构干系图；【XX项目】经理委任书。
2 【XX项目】工作成果文件签收函。
3 【XX项目】请款函；【XX项目】发票签收函。
4 【XX软装项目】成果交付清单；【XX软装项目】进场确认函；【XX软装项目】竣工验收单；【XX软装项目】软施工程现场日报、安全责任书、商业保单。
5 【XX软装实施项目产品第＿次整改询价表。
6 设计项目结案概况；设计项目运营架构及干系图 AA02；设计项目管理全景计划表 AB02；设计项目分包资源计划表 AE02；设计项目财务与指标管理表；设计项目汇总结案；设计项目运营费用结算表 AD03；分包结果质量评价表。
7 标注有 * 的流程为选用流程。
8 标注有 ** 的流程为通用流程。

3.2 装饰项目管理体系信息汇总表（详见表3-2）

表3-2 管理体系信息汇总表

序号	阶段名称	一级SOP	二级SOP	应用OA	管理文件应用范本	设计文件应用范本
1	项目启动1	1 项目交接		项目部工作任务委派		
2		2 整理甲方提资			【XX项目】面积测量统计表	
3		3 预备启动会			【XX项目】关键管理信息表；【XX项目】分包资源计划表；【XX项目】项目管理全景计划AB01（软施）；【XX项目】财务与指标管理表（软施）；【XX项目】架构干系图；【XX项目】甲方架构干系图；【XX项目】经理委任书	
4		4 甲、乙、丙方"项目技术与管理信息周报"存储管理		项目经理团队工作周报流程		
5		5 投标设计（＊）	5.1 参见"概念设计"流程			
6			5.2 中标手续办理			
7		6 甲方启动会			【XX项目】概况表（甲方启动会）；【XX项目】管理全景计划（模板－设计）（甲方启动会）；【XX项目】架构干系图（甲方启动会）；会议纪要	
8	甲方合同	7 商务合同及补充协议（变更）（＊＊）	7.1 工作范围复核			
9			7.2 报价评审会			
10			7.3 项目报价	项目报价审核		
11			7.4 报价洽谈／敲定		【XX项目】沟通技巧手册	
12			7.5 合同／补充协议拟定跟踪			
13			7.6 合同／补充协议签订归档	甲方合同及补充协议审批；证照章借用申请		
14	招标	8 产品与服务外购招标（＊）	8.1 招标邀请		【XX项目】设计项目产品投标询价表	
15			8.2 招标答疑			
16			8.3 回标与评审			
17			8.4 招标定审会			
18			8.5 落标感谢函			
19	项目启动2	9 正式启动会（＊）	9.1 启动会资料预审	设计及非合同项目立项联审	【XX项目】关键管理信息表；【XX项目】分包资源计划表；【XX项目】项目管理全景计划（软装实施）；【XX项目】财务与指标管理表（软装实施）；【XX项目】架构干系图；【XX项目】甲方架构干系图；【XX项目】经理委任书	
20			9.2 上会审批			
21			9.3 定审文件走OA并存档OSS			

续表 3-2

序号	阶段名称	一级 SOP	二级 SOP	应用 OA	管理文件应用范本	设计文件应用范本
22		10 供应商入库	10.1 入库申请	分包商入库管理流程		
23			10.2 入库审批	用章及证件管理流程		
24		11 产品与服务外购（丙方）合同签订	11.1 合同申请			
25			11.2 合同审批	用章及证件管理流程		
26			12.1 根据外购合同条款申请定金付款（＊）			
27		12 丙方付款管理（＊）	12.2 甲方确认工作成果			
28			12.3 丙方提供请款文件与发票			
29			12.4 申请付款 OA 并支付	费用支付		
30			13.1 外协管理启动会	内部工作通报函		
31		13 设计工作外协（概念）	13.2 正式交接手续			
32			13.3 设计成果工作过程管理（外协）			08 精装样板房；01 售楼部；03 公区；07 架空层；02 创意样板房
33	概念设计	14 概念设计（内部）				
34		15 设计成果内审（概念）（＊）	15.1 方案内审会			
35			15.2 方案调整并 OA 审定	设计 / 软施阶段成果内审		
36		16 汇报路演（＊）				
37		17 设计汇报（概念）（＊）			设计项目汇报应用技巧	
38			18.1 调整			
39		18 分阶段设计成果（概念）调整并提交确认（＊＊）	18.2 内审			
40			18.3 甲方确认			
41			18.4 加密提交		【XX 项目】工作成果文件签收函	
42			19.1 甲方确认请款申请文件			
43			19.2 财务开票申请	开票申请 OA		
44		19 请款（设计过程）（＊）	19.3 请款文件盖章申请	用章及证件管理流程		
45			19.4 请款文件邮寄并确认签收			
46			19.5 手续归档 OSS		【XX 项目】请款函（一般甲方有自己的格式）；【XX 项目】发票签收函	
47		20 丙方付款（＊）	参见丙方付款管理（通用）			
48		21 设计工作外协（深化）	参见设计工作外协（通用）			
49	深化设计	22 设计工作外协（照明）	参见设计工作外协（通用）			
50		23 设计工作（内部）（照明）				

续表 3-2

序号	阶段名称	一级 SOP	二级 SOP	应用 OA	管理文件应用范本	设计文件应用范本
51		24 深化设计（内部）				
52			25.1 效果图分类		效果图管理规章制度	
53			25.2 查询汇总表		20XX 年效果图素材库汇总表	
54		25 效果图管理（*）	25.3 公司标准素材库选定		公区标准化模型	
55			25.4 效果图制作		效果图制作流程	
56	深化设计		25.5 新素材管理			
57		26 设计成果内审(深化)(*)	参见设计成果内审（通用）(*)			
58		27 设计成果内审（照明）(*)				
59		28 汇报路演（*）				
60		29 设计汇报（深化）（*）				
61		30 分阶段设计成果（深化）调整并提交确认（**）	参见分阶段设计成果（通用）调整并提交确认		【XX 项目】工作成果文件签收函	
62		31 请款（设计过程）（*）	参见"请款"（通用）流程			
63			32.1 招标邀请			
64			32.2 招标答疑			
65		32 产品与服务外购招标（*）	32.3 回标与评审			
66			32.4 定制产品招标定审会			
67			32.5 落标感谢函			
68			33.1 定制采购设计初稿			
69			33.2 灯光照明方案反向提问			
70		33 定制采购设计	33.3 装饰灯/挂画/窗帘加固要求与插座点位反向提问			
71			33.4 成品产品 O2O 询价			
72			33.5 成品产品采购方案定审会			
73	定制采购设计与管理	34 设计成果内审（定制采购）（*）	参见设计成果内审（通用）（*）			
74		35 请款（设计过程）（*）	参见"请款"（通用）流程			
75		36 分阶段设计成果（定制采购)调整并提交确认（**）	参见分阶段设计成果（通用）调整并提交确认			
76		37 成品产品管理	37.1 备用金申请			
77			37.2 成品产品采购			
78		38 丙方付款（*）	参见丙方付款管理（通用）			
79			39.1 定制产品签订合同			
80			39.2 项目现场窗帘复尺			
81		39 定制产品管理（*）	39.3 加工图与面料审定			
82			39.4 地毯小样审定			
83			39.5 定制家具白胚验收			
84			39.6 定制家具成品验收（出货前）			

续表 3-2

序号	阶段名称	一级 SOP	二级 SOP	应用 OA	管理文件应用范本	设计文件应用范本
85	物流/装摆	40 物流管理	40.1 合同签订			
86			40.2 一次物流跟踪			
87			40.3 二次物流跟踪			
88		41 现场摆场实施	41.1 管理/施工、搬运人员工地安全责任书签署			
89			41.2 临时仓储与搬运			
90			41.3 初步验收		【XX 软装项目】成果交付清单；【XX软装项目】进场确认函；【XX 软装项目】竣工验收单；【XX 软装项目】软施工程现场日报、安全责任书、商业保单	
91	整改/验收	42 整改	参见"定制采购设计与管理、物流/装摆"流程		【XX 项目】软装实施项目产品第__次整改询价表	
92		43 验收手续				
93		44 物资回收	物资回收评审会			
94	项目摄影	45 摄影	45.1 预约摄影师	（同步定制采购阶段）		
95			45.2 设计师推文提资及答疑			
96			45.3 推文初稿评审			
97			45.4 摄影师交底会			
98			45.5 现场摄影及协调			
99			45.6 选图管理			
100			45.7 推文制作			
101			45.8 短视频制作			
102			45.9 分享推广			
103		46 丙方付款管理(*)	参见丙方付款管理（通用）			
104	结案	47 预备结案会	47.1 结案资料预审			
105			47.2 上会审批		设计项目结案概况；设计项目运营架构及干系图；设计项目管理全景计划表；设计项目分包资源计划表；设计项目财务与指标管理表；设计项目汇总结案；设计项目运营费用结算表；分包结果质量评价表	
106			47.3 借资冲销（*）			
107			47.4 定审文件走 OA 并存档 OSS			
108		48 请款(项目竣工)	参见"请款"（通用）流程			
109		49 结案会	参见"预结案"流程			
步骤合计		49	95	14	43	5

3.3 二级 SOP 管理流程（详见表 3-3）

表 3-3-1 商务中心业务规划及合同管理流程 SOP

序号	时间节点	甲方	公司商务专员/主管	集团商务专员/主管	集团商务经理	事业中心	公司财务	项目经理	法务	综合管理中心	集团总经理
1	工作范围复核		接收相关信息，开展工作	项目编号、名称拟定，发起委派流程至地区项目经理	审定			接收相关信息，梳理项目情况		后台信息录入	审定
2	报价评审会		配合项目经理对面积资料进行报价整理，特殊情况及时组织相关领导进行会议讨论		审定			核对（面积范围、非公司业务范围内的外包服务咨询、时间计划、人员计划、投标资料等）			审定
3	项目报价	甲方确认我方服务范围及报价，并发起相关审定流程	服务计划书、投标文件等资料整理，发起流程，配合甲方完成项目线上招标或者线下招标流程	监管跟踪				协助跟踪		盖章、封标寄出等配合	
4	报价洽谈/敲定	甲方内部对设计单位进行选择定审	定期跟踪报价，确保甲方对项目报价流程的推进；同甲方办理委托手续，开展下一阶段合同办理工作	协同				催办项目金额确认及委托手续及合同手续，同时根据情况开展项目工作			
5	合同/补充协议拟定跟踪		查看合同内容，对非战略合同摘录重要合同条款，与甲方对不利条件沟通谈判；定期跟踪，每周汇报，确保甲方对合同流程的推进	合同摘录并审核	对合同价格等条款审核	对合同内容、成果等约定条款审核	对合同税率、赔偿违约条款等审核	公司技管及项目经理对合同内容、成果、时间等约定条款审核	对任何非我方委托第三方的设计承担连带责任评估；合同条款与招标条款的一致性评估；客户风险评估		审定
6	合同/补充协议签订归档	甲方接收我方盖章合同，并进行合同盖章	办理合同签订手续	审核、盖合同章收寄归档登记并上传钉流提示各地区及财务	审核				归档	审核	

137

表 3-3-2 产品与服务外购招标 SOP

序号	时间节点	甲方	项目主管	项目经理	财务	地区总监	事业中心	分包商
1	招标邀请		邮件形式发起招标					
2	投标						电邮抄送	3家或3家以上分包参与投标
3	招标答疑			针对招标产品的材质、细节以及制作周期、付款比例等进行答疑；并且会后整理成会议纪要				
4	回标与评审			回标与评审				
5	招标定审会			以邮件的形式将会议纪要发送给团队成员				
6	落标感谢函		确认分包后以电邮的形式告知分包商			电邮抄送		电邮告知（包括落选单位）

表 3-3-3 请款（设计过程）SOP

序号	时间节点	甲方	项目主管	项目经理	商务	财务	地区总监	事业中心
1	甲方确认请款申请文件	确认请款申请文件						
2	财务开票申请		请款			开具发票	跟进及监督	
3	请款文件盖章申请		请款文件盖章申请					
4	请款文件邮寄并确认签收	请款文件邮寄并确认签收						
5	手续归档 OSS		手续归档 OSS					

表 3-3-4 丙方付款管理 SOP

序号	时间节点	甲方	项目主管	项目经理	商务	财务	地区总监	事业中心	丙方
1	根据外购合同条款申请定金付款（＊）		根据外购合同条款申请定金付款						
2	甲方确认工作成果	甲方确认工作成果							
3	丙方提供请款文件与发票								丙方提供请款文件与发票
4	申请付款 OA 并支付		申请付款 OA			支付			

表 3-3-5 分阶段设计成果调整并提交确认 SOP

序号	流程节点	甲方	项目主管	项目经理	事业中心总办专员	事业中心施工图总监	事业中心总经理	高级总监	丙方
1	调整			方案调整					
2	内审			钉钉完成内审流程	监督完成情况				
3	甲方确认	甲方确定方案							
4	加密提交			加密提交给甲方					

表 3-3-6 效果图管理流程 SOP

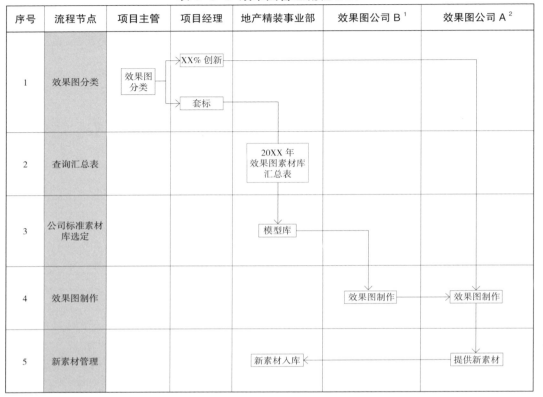

序号	流程节点	项目主管	项目经理	地产精装事业部	效果图公司 B [1]	效果图公司 A [2]
1	效果图分类	效果图分类	XX% 创新 / 套标			
2	查询汇总表			20XX 年效果图素材库汇总表		
3	公司标准素材库选定			模型库		
4	效果图制作				效果图制作	效果图制作
5	新素材管理			新素材入库		提供新素材

注释:
1 效果图公司 B:套标项目效果图公司。
2 效果图公司 A:原创项目效果图公司。

表 3-3-7 拍照管理及推广 SOP

序号	流程节点	项目经理 / 主管	项目主创	地产精装事业中心	品牌部	地区总监	摄影师	视频制作部门
1	预约摄影师		预约摄影师（需有备选方案）					
2	设计师推文提资及答疑		创作文本、过程手稿、素材、文字、平面图（角度、需求、关注点）、项目级别设定、参考图片设计师答疑、补充资料（XX 天）					
3	推文初稿评审				制作推文初稿（XX 天）/审定稿（XX 天）			
4	摄影师交底会		建立微信群以便沟通	参会	完整推文初稿（白图＋文字要求）心目中参考图片（提前 XX 个工作日通知）	参会		
5	现场摄影及协调							
6	选图管理		选图汇总（总图数不超出合同 XX%）	选图	选图	选图		
7	修图						修图	
8	推文制作				制作推文			
9	短视频制作	通知视频制作部门						制作短视频（X～X 天）
10	分享推广				分享推广			

表 3-3-8 定制采购设计 SOP

序号	时间节点	甲方	项目主管	项目经理	财务	地区总监	事业中心	分包商
1	定制采购设计初稿			定制采购设计初稿				
2	灯光照明方案反向提问			灯光照明方案反向提问				
3	装饰灯/挂画/窗帘加固要求与插座点位反向提问			装饰灯/挂画/窗帘加固要求与插座点位反向提问				
4	成品产品O2O询价		成品产品O2O询价					
5	成品产品采购方案定审会			成品产品采购方案定审会				

表 3-3-9 定制产品管理 SOP

序号	时间节点	甲方	项目主管	项目经理	财务	地区总监	事业中心	分包商
1	定制产品签订合同		拟定定采清单					
2	项目现场窗帘复尺			项目现场窗帘复尺				
3	加工图与面料审定			加工图与面料审定				
4	地毯小样审定			地毯小样审定				
	定制家具白胚验收			白胚验收确认				电邮通知验白胚通过
	定制家具成品验收（出货前）			定制家具成品验收				

表 3-3-10 预备结案会 SOP

序号	时间节点	甲方	项目主管	项目经理	商务	财务	事业中心	地区总监
1	结案资料预审			结案资料预审				
2	上会审批		上会审批					
3	借资冲销（＊）			借资冲销				
4	定审文件走 OA 并存档 OSS		定审文件走 OA 并存档 OSS					

3.4 OA 流程（详见表 3-4）

表 3-4-1 设计项目立项联审 OA 表单模板

数据名称	数据类型	数据内容	是否必填	其他备注
项目编号	单行输入		是	发起人填写
项目名称	单行输入		是	发起人填写
项目简称	单行输入		是	发起人填写
启动会资料	多选	项目概况，项目架构干系图，项目管理全景计划，项目分包资源计划表，设计项目工作分配干系图，套标项目管控表，效果出图管控表，施工图排版计划表，项目甲方架构干系图，项目运营费用统计表，精装设计项目经理委任书	是	发起人填写
甲方提资	多行输入		是	发起人填写
项目经理	人员		是	发起人填写
分包资源数量	数字		是	发起人填写
分包金额	金额		是	发起人填写
分包成本占比	数字		是	发起人填写
总工时	数字		是	发起人填写
套标方案类别	单行输入		是	发起人填写
甲方是否要求升级	单选	是，否	是	发起人填写
施工图应用标准	多选	施工图排版计划表（采用 2021 年版本），甲方版本，A2，A3	是	发起人填写
甲方联系人数量	数字		是	发起人填写
项目总成本占比	数字		是	发起人填写
OSS 存储	单选	是，否	是	发起人填写
是否已建内、外部工作沟通群	单选	是，否	是	发起人填写
开始日期、结束日期	日期范围		否	发起人填写
项目地点	单行输入		否	发起人填写
委托方名称	单行输入		是	发起人填写
甲方联系人 / 联系方式	单行输入		否	发起人填写
合同金额	金额		否	发起人填写
项目业态	单选	会所 / 营销中心，样板房，精装交标，住宅公区，商业公区，商业综合体，公寓，办公，教育，康养，酒店，其他	否	发起人填写
项目服务面积	数字		是	发起人填写
甲方需求	多行输入		是	发起人填写
对标项目	单选	甲方指定，内部指定	是	发起人填写
对标项目名称	单行输入		是	发起人填写

续表 3-4-1

数据名称	数据类型	数据内容	是否必填	其他备注
对标标准	单行输入	复制对标，优化对标，无	是	发起人填写
项目使用性质	单选	永久，临建	是	发起人填写
服务形式	单选	设计，软施	是	发起人填写
工作服务阶段	多选	概念方案设计，方案深化设计，施工图扩初设计，施工图深化设计，定制采购设计，精装户型优化	是	发起人填写
CAD 方案模块确认	单选	已确认，未确认	是	发起人填写
设计取费	金额		是	发起人填写
合同付款要求及交付成果要求截图	附件	如合同未签订，根据甲方合同模板上合同付款条件及交付成果要求截图上传，合同签订后重新走设计立项流程	是	发起人填写
建设管理费	金额		是	发起人填写
硬装修标准 / 投资成本	多行输入		否	发起人填写
软装饰标准 / 投资成本	多行输入		否	发起人填写
是否需要摄影	单选	需要，不需要	是	发起人填写
拍摄预计日期	日期范围		否	发起人填写
是否需要推广	单选	需要，不需要	是	发起人填写
甲方是否有协议要求不可做任何形式的推广	单选	有，无	是	发起人填写
设计项目架构干系图	附件		是	发起人填写
设计项目全景计划表	附件		是	发起人填写
设计项目运营费用统计	附件		是	发起人填写
项目文件存放路径	附件		是	发起人填写
钉钉项目群组	附件		是	发起人填写
施工图排版规划	附件		否	发起人填写
分包资源计划	附件		是	发起人填写
项目概况	附件		是	发起人填写

表 3-4-2 硬装设计成果内审 OA 表单模板

数据名称	数据类型	数据内容	是否必填	其他备注
项目编号	单行输入		是	发起人填写
项目名称	单行输入		是	发起人填写
计划交图时间	日期		是	
是否按计划交图	单选	是，否	是	发起人填写
项目类型	单选	A，B	是	发起人填写
评审内容	单选	概念设计技术成果文件，深化设计技术成果文件，施工图设计技术成果文件	是	发起人填写
备注说明	多行输入		否	发起人填写
设计成果文本	附件		是	发起人填写
说明文字	多行输入		是	发起人填写

表 3-4-3 分包商入库 OA 表单模板

数据名称	数据类型	数据内容	是否必填	其他备注
申请人	人员		是	发起人填写
申请部门	部门		是	发起人填写
一级分类	单行输入		是	发起人填写
供应商编号	单行输入		是	发起人填写
公司全称	单行输入		是	发起人填写
公司地址	单行输入		是	发起人填写
公司联系电话	数字		是	发起人填写
营业执照	附件		否	发起人填写
资格等级	附件		是	发起人填写
业务联系人名称	单行输入		是	发起人填写
业务联系人职务	单行输入		是	发起人填写
业务联系人手机	数字		是	发起人填写
业务联系人邮箱	单行输入		是	发起人填写
报价体系	附件		否	发起人填写
付款方式	单选	对公银行，对私转账	是	发起人填写
银行账户	数字		是	发起人填写
开户支行	单行输入		是	发起人填写
提供何种票据	单选	专票，普票，收据	是	发起人填写
备注	多行输入		否	发起人填写

表 3-4-4 概念、深化阶段移交事业中心 OA 表单模板

数据名称	数据类型	数据内容	是否必填	其他备注
项目编号	单行输入		是	发起人填写
项目名称	单行输入		是	发起人填写
开始日期、结束日期	日期范围		是	发起人填写
项目业态	单选	会所/营销中心，样板房，精装交标，住宅公区，商业公区，商业综合体，公寓，办公，教育，康养，酒店，其他	是	发起人填写
甲方需求	多行输入		是	发起人填写
项目启动会时间	日期		是	发起人填写
项目概况表	附件		是	发起人填写
设计项目架构干系	附件		是	发起人填写
设计项目全景计划表	附件		是	发起人填写
设计项目运营费用统计表	附件		是	发起人填写
设计项目分包资源统计表	附件		是	发起人填写
备注	多行输入		否	发起人填写
事业中心人员	人员		是	事业中心总经理填写

表 3-4-5 项目员工日报 OA 表单模板

数据名称	数据类型	数据内容	是否必填	其他备注
填报日期	日期		是	发起人填写
员工姓名	人员		是	发起人填写
员工职级	单选		是	发起人填写
明细（1）M-项目部工作任务委派	关联审批单		是	发起人填写
甲乙往来信息传云服否	多选	已传云服，未传云服	是	发起人填写
工作成果完成内审否	单选	已完成内审，未完成内审	是	发起人填写
服务阶段	单选	项目服务开始前阶段，动线设计，户型优化，概念设计，深化设计，扩初设计，施工图设计，定制采购设计，配合报建，施工配合，参见备注	是	发起人填写
开始时间，结束时间	日期范围		是	发起人填写
工时（小时）	数字		是	发起人填写
工作形式	单选	外勤，办公室	是	发起人填写
备注	多行输入		否	发起人填写
附件	附件		否	发起人填写
增加明细				

表 3-4-6 项目部周例会会议纪要 OA 表单模板

数据名称	数据类型	数据内容	是否必填	其他备注
所属公司	单选	深圳公司，上海公司，成都公司，集团公司	是	发起人填写
项目部门	单选	项目一部，项目二部，集团收款	是	发起人填写
开始日期	日期		是	发起人填写
结束日期	日期		是	发起人填写
在建项目数量	数字		是	发起人填写
设计中	数字		是	发起人填写
跟踪中	数字		是	发起人填写
合同金额	金额		是	发起人填写
已回款金额	金额		是	发起人填写
已完成工作未回款金额	金额		是	发起人填写
是否发生异动	单选	是，否	是	发起人填写
异动阶段	单选	概念阶段，深化阶段，施工图阶段，定制采购阶段，整改阶段	是	发起人填写
异动简述	多行输入		是	发起人填写
有否需结案项目	单选	是，否	是	发起人填写
需结案项目	单行输入		是	发起人填写
所有在建项目统计表	附件		是	发起人填写

3.5 管理表单范本

3.5.1 【XX 项目】工作成果文件签收函

XX 有限公司（根据项目合同调整为对应公司）

日期 DATE	20XX 年 XX 月 XX 日	发文人电话 SENDER TEL.	XXXXXXXX
致 TO	XX 公司	发文人 FROM	XXX
收文人 ATTENTION	XXX	签发人 CHECKED	XXX
页数 PAGES	共 X 页（含本页）	发件人邮箱 E-mail	XX@XXXX

工作成果文件签收函

项目名称	XX 项目		项目编号	XX-XXX-XXX-XXXXXX-001		
合同名称			面积	XX	总价	XX
文件类型	□方案设计成果文件			☑施工图设计成果文件（蓝图）		
	□物料手册/表设计成果文件			□物料成果实样板		
	□竣验资料成果文件			☑样板工作设计		
	□施工图电子版文件			□其他		
文件提交方式		■邮件发送　□直接送达　□客户自取　□快递交寄				

文件名称/内容	文件份数	文件格式	总工作进度（%）	备注
XXXX	X 份	XX	XX	XX
XXXXX	X 份	XX	XX	

合同办理完成日期		下笔付款日期	
文件接收单位名称	XX 开发有限公司	文件接收人	XXX
文件接收地址		联系方式	XXXXX
项目地址		邮箱	

文件签发人： 文件提交人： （单位盖章）　　　日期：	签收人： （部门盖章）　　　日期：

注：特殊情况增加以下条款。

以上成果内容，如接收单位两周内未书面提出异议，则视为甲方确认。可供提交方作为继续开展相关工作的有效依据。

3.5.2 【XX 项目】工作联系函（同发票、付款问题）

XX 有限公司（根据项目合同调整为对应公司）

日期 DATE	20XX 年 XX 月 XX 日	发文人电话 SENDER TEL.	XXXXXXXX
致 TO	XX 公司	发文人 FROM	XXX
收文人 ATTENTION	XXX	签发人 CHECKED	XXX
页数 PAGES	共 X 页（含本页）	发件人邮箱 E-mail	XX@XXXX

工作联系函（同发票、付款问题）

敬启者：

您好！

首先感谢您及贵司的信任，我司对有机会为【XX 项目】提供相关专业服务倍感荣幸！

项目团队于 XX 年 XX 月 XX 日接贵司委托，完成该项目的室内装饰设计（施工图套标设计 / 方案套标设计 / 软装配置实施）的相关工作，需于 XX 年 XX 月 XX 日完成项目的合同（委托函）签订。根据相关计划与安排，现该项目执行情况如下：

1. 于 XX 月 XX 日提交 XX 阶段工作成果，得到（邮件 / 确认函附件 1）确认，并批准安排下阶段工作。

2. 于 XX 月 XX 日提交 XX 阶段工作成果，得到（邮件 / 确认函附件 2）确认，并批准投入项目应用。

3. 于 XX 月 XX 日所有工作阶段全部完成，并已投入使用。

4. 于 XX 月 XX 日开具并提交了第 X 笔发票，共计：XX 元（大写：人民币 XXX），并于 XX 月 XX 日收到发票（邮件 / 确认函附件 3）。但现尚未收到相应款项，烦请您协助办理（请求事项）。

承蒙通力协助与支持，不胜感谢！

顺祝商祺！

注：特殊情况增加以下条款。

以上成果内容，如接收单位三日内未书面提出异议，则视为甲方确认。可供提交方作为继续开展相关工作的有效依据。

3.5.3【XX 项目】会议记录

会议记录			
议题:			主　持:
出席:			
地点:		时间:	执行人:
抄报:			
抄送:			

3.5.4 【XX 项目】方案汇报会议纪要

XX 有限公司（根据项目合同调整为对应公司）

日期 DATE	20XX 年 XX 月 XX 日	发文人电话 SENDER TEL.	XXXXXXXX
致 TO	XX 公司	发文人 FROM	XXX
收文人 ATTENTION	XXX	签发人 CHECKED	XXX
页数 PAGES	共 X 页（含本页）	发件人邮箱 E-mail	XX@XXXX

方案汇报会议纪要

项目名称	XXXXXXXX	项目编号	XX–XXXXXX–XXX
项目地点		日期 / 时间	20XX 年 XX 月 XX 日
参会人员	业主方：XXX 顾问方：XXX	记录人	XXX
会议议题			

纪要内容：

一、

二、

三、

……

会签栏	

3.5.5【XX 项目】设计变更通知单

设计变更通知单

工程名称	XXXXXX	变更编号	01
项目编号	XXXXXX	专业名称	装饰
设计单位	XXXXXX	设计阶段	深化
建设单位	XXXXXX	出图日期	20XX 年 XX 月 XX 日

序号	图纸编号	变更原因	变更内容
1	修改部位对应的施工图图纸编号	因为 XXXX/ 为了 XXXX	XX 部位（轴线 xx-yy/xx-yy 之间）的 xx 做法修改为 yy 做法 /xx 材料修改为 yy 材料（材料选型详见附件（附件需要包含材料名称、技术参数、材料样板图片））/XX 部位（轴线 xx-yy/xx-yy 之间）需要补充节点做法 / 平面图纸 / 立面图纸，修改节点做法 / 增加节点详见附图，附图编号 XXXX
2	修改部位对应的施工图图纸编号		XX 部位（轴线 xx-yy/xx-yy 之间）的 xx 做法修改为 yy 做法 /xx 材料修改为 yy 材料（材料选型详见附件（附件需要包含材料名称、技术参数、材料样板图片））/XX 部位（轴线 xx-yy/xx-yy 之间）需要补充节点做法 / 平面图纸 / 立面图纸，修改节点做法 / 增加节点详见附图，附图编号 XXXX
3	修改部位对应的施工图图纸编号		XX 部位（轴线 xx-yy/xx-yy 之间）的 xx 做法修改为 yy 做法 /xx 材料修改为 yy 材料（材料选型详见附件（附件需要包含材料名称、技术参数、材料样板图片））/XX 部位（轴线 xx-yy/xx-yy 之间）需要补充节点做法 / 平面图纸 / 立面图纸，修改节点做法 / 增加节点详见附图，附图编号 XXXX。
签字栏	建设单位		

备注：
1. 如涉及增加工程造价或影响工期的情况，施工方应经建设方批准签署后方可实施。
2. 如变更须由建设单位分别送达监理单位和施工单位。
3. ……
注：特殊情况增加以下条款。
以上成果内容，如接收单位三日内未书面提出异议，则视为甲方确认。可供提交方作为继续开展相关工作的有效依据。

3.5.6 【XX 项目】现场服务报告

XX 有限公司（根据项目合同调整为对应公司）

日期 DATE	20XX 年 XX 月 XX 日	发文人电话 SENDER TEL.	XXXXXXXX
致 TO	XX 公司	发文人 FROM	XXX
收文人 ATTENTION	XXX	签发人 CHECKED	XXX
页数 PAGES	共 X 页（含本页）	发件人邮箱 E-mail	XX@XXXX

现场服务报告

项目名称	XXXXXXXX	项目编号	XX-XXXXXX-XXX
收件人			
发件人		日期	20XX 年 XX 月 XX 日

现场情况一：
文字（或照片）说明情况

现场意见：

解决方案：（根据实际情况填写）
1. 最终施工图纸
2. 变更图纸
3. 手稿
4. 参考图片

现场情况二：
文字（或照片）说明情况

现场意见：

解决方案：（根据实际情况填写）
1. 最终施工图纸
2. 变更图纸
3. 手稿
4. 参考图片

甲方确认 （签字）		日期	

3.5.7【XX 项目】出差记录单

出差记录单

项目名称		项目编号	
出差地点		出差天数	
出差申请人		职务	
出差时间	年　月　日　时至　　　年　月　日　时		
出差事由			

甲方签字确认：

- -

项目负责人：

年　　　月　　　　　日

3.5.8【XX 软装项目】进场确认函

XX 有限公司（根据项目合同调整为对应公司）

日期	20XX 年 XX 月 XX 日	发文人电话	XXXXXXXX
DATE		SENDER TEL.	
致	XX 公司	发文人	XXX
TO		FROM	
收文人	XXX	签发人	XXX
ATTENTION		CHECKED	
页数	共 X 页（含本页）	发件人邮箱	XX@XXXX
PAGES		E-mail	

进场确认函

敬启者：

您好！

首先感谢您及贵司对我司的信任，我司对有机会为贵司提供【XXX 软装项目】相关专业服务倍感荣幸。

目前我司按贵司要求完成该项目的定制采购生产，为了规范软装项目现场实施作业，加强现场管理，同时确保项目工期、质量要求，烦请贵司确认以下相关信息：

一、进场时间：_____ 年_____ 月_____ 日上午

二、项目地点：_____

三、货车尺寸：_____ 米（以实际尺寸为主）

四、垃圾指定堆放点：_____（需与甲方沟通确认）

五、我司联系人：XXX，联系电话：_____

贵司联系人：XXX，联系电话：_____

如对以上信息内容无异议，请贵司在收到此函后签字回复我司，以便我司以此为依据展开下一阶段工作。如进场时间延后，烦请贵司提前 7 个工作日通知我司安排进场事宜。若收到贵司进场确认函后进场条件发生变更，所产生的货物存储或二次搬运费用等，由甲方承担。

再次感谢贵司的帮助与支持，谢谢！

顺祝商祺！

甲方联系人（签字）：

日期：20XX 年 XX 月 XX 日

3.5.9 【XX 项目】调整意见反馈函

XX 有限公司（根据项目合同调整为对应公司）

日期 DATE	20XX 年 XX 月 XX 日	发文人电话 SENDER TEL.	XXXXXXXX
致 TO	XX 公司	发文人 FROM	XXX
收文人 ATTENTION	XXX	签发人 CHECKED	XXX
页数 PAGES	共 X 页（含本页）	发件人邮箱 E-mail	XX@XXXX

【XX 项目】调整意见反馈函

调整意见如下：

序号	时间	公区 / 户型	调整意见	备注	回复	对接人
1	XX 月 XX 日	公区	对于车马厅效果需要考虑：标准、用材、做法沿用我们已经确认的那一版惠州的做法，但不同户型表现的手法可以不一样，如有些户型可以作为一个缓冲区、等候休息区等，我方发几个图作为参考意见	处理中	已让方案设计师参考甲方提供的意向图，综合考虑后期公区效果图的表现手法	XXX / XXX
2	XX 月 XX 日	公区	公区文本：风雨连廊吊顶与电梯内调整	已完成	XX 月 XX 日已调整完风雨连廊吊顶与电梯内部效果图并发甲方确认	XXX
3	XX 月 XX 日	公区	首层 / 标准层 / 地下室样板过深，需重新送样	厂家送样中	与 XX 和 XX 联系，厂家正配合重新找样，XX 月 XX 日重新寄样到我司确认	XXX
5	XX 月 XX 日	户型	户内跟公区选择的大板与瓷砖排版图，让厂家提供，比如某一款砖厂生产时候有 6 个模板纹理加一起是一个面，把这 6 个拼在一起的图发一个过来，图片纹路大一点，使领导能看清楚	已完成	联系厂家后厂家在 XX 月 XX 日收集完图片发于我司，我司整理完于 XX 月 XX 日晚发于甲方	XXX
6	XX 月 XX 日	户型	精装户型材料手册的调整	已完成	XX 月 XX 日调整完已提交于甲方	XXX
7	XX 月 XX 日	户型	XX 平方米 /XX 平方米户型精装样板房概念文本	已提交，待确认后开展深化阶段	计划 XX 月 XX 日提交于甲方	XXX

以上意见若无异议请签字确认，我司将尽快执行并落实！

3.5.10 【XX 项目】项目经理委任书

XX 精装设计 / 软装实施项目经理委任书

任务委托方：XX 公司

1. 项目基本信息

项目名称	项目编号	合同 / 报价金额	启动日期	预计交付日期
说明：本项目工作时间计算从 20 XX 年 XX 月 XX 日至项目结案。				

2. 工作职责

接受 XX 公司委派的精装设计 / 软装实施相关业务。
制定项目计划：业务成果交付 (质量和数量) / 时间进度 / 人员配置。获审批后执行。

任务受托方（签名）：
联系电话：
签署日期：

3.5.11 【XX 项目】人员变动通知

关于 XX 有限公司 XX 公司
人员变动通知函

尊敬的客户及合作伙伴：

  您好，感谢您一直以来对 XX 有限公司的信任及支持。原负责此项目的项目经理 / 设计师 XXX 因工作安排原因，自 20XX 年 XX 月 XX 日起全部移交给 XXX 来负责。敬请谅解！

其联系方式：

  电话：XXXXXXXX

  邮箱：XX @XXXX

  特此通告！

XX 有限公司

20XX 年 XX 月 XX 日

3.5.12 室内装饰方案设计合同范本

甲方合同编号：　　　　　　　　　　　乙方合同编号：

XX（开发商名称）·XX（城市名称）XX（项目名称）
室内装饰方案设计

合
同
书

甲　方：XX 有限公司（同开票公司）

乙　方：

签订地点：

签订时间：20XX 年 XX 月 XX 日

甲　方：_____（以下简称甲方）

乙　方：_____（以下简称乙方）

甲方委托乙方承担 XX（开发商名称）·XX（城市名称）XX（项目名称）室内装饰方案设计，工程地点：XXXXXXXX，经双方协商一致，签订本合同，共同执行。

1 本合同签订依据

1.1《中华人民共和国合同法》

1.2《中华人民共和国建筑法》

1.3 国家、住建部及项目所在地有关法规、标准、规范及规定

2 合同文件的优先次序

构成本合同的文件可视为能互相说明的，除特殊说明外如果合同文件存在歧义或不一致，则根据如下优先次序来判断：

2.1 合同书

2.2 报价函

3 室内装饰方案设计服务内容

根据甲方要求及设计任务书要求，提供室内装饰方案设计及相关设计文件。文本共 X 套（见各项目要求）。

3.1 设计阶段及提交成果

3.1.1 设计阶段（具体以各项目业主提供的设计合同要求为准则编写）

XX 精装设计 / 软装实施项目经理委任书

任务委托方：XX 公司

项目基本信息：

阶段	节点	工作内容	文件格式
概念方案设计阶段			PPT/PDG/JPG
深化方案设计阶段			PPT/PDG/JPG

　3.1.2 以上内容，与附件一互为补充，其他要求见项目部设计委托函。（附件一为提交成果的详细说明文件，可表格形式，可文字形式。依据具体项目情况增加、删减。）

　3.1.3 其他属于本设计相关工作的阶段。

　3.2 项目名称及设计内容：XX（开发商名称）·XX（城市名称）XX（项目名称）室内设计

　3.3 设计规模：（根据项目需要来调整）

4 甲乙双方向对方提交的有关资料、文件及时间

4.1 甲方向乙方提交的有关文件名称及时间：

文件名称	时间	备注
XX	XX	
XX	XX	
（其他文件）	XX	

如乙方需求资料在上述规定范围以外，乙方应及时以书面形式向甲方索要，如因乙方未提出此类要求而影响设计工作，责任由乙方承担，并不得以此为依据减轻或免除本合同中乙方应当承担的责任。

4.2 乙方向甲方交付的设计文件名称、份数及时间：（根据项目需要调整）

文件名称	份数	时间
概念方案设计文本	X	20XX 年 XX 月 XX 日
深化方案设计文本		
（其他文件）	X	20XX 年 XX 月 XX 日

以上约定，以附件一为准（附件一为提交成果的详细说明文件，可表格形式，可文字形式。依据具体项目情况增加、删减）。

5 付款

5.1 本项目的室内装饰设计服务费，经双方友好协商为：

人民币（大写）：XXXXXX 圆整（小写：￥XXXXXX 元整）

总价款构成（设计面积详见附件）：

序号	设计区域	面积	单价	合计（人民币：元）
1				
2				
3				
总计	人民币（大写）： XXXXXX 圆整（小写：￥ XXXXXX 元整）			

5.1.1 以上费用包含乙方在本合同中对应方案设计阶段产生的所有设计制作费用，如市区内差旅费、税费、意外保险等。（如甲方项目部需要乙方到异地出差，由甲方指定并承担交通及住宿费。）

5.1.2 本合同工作内容 XX% 以内的增减、调整及因自身设计技术问题导致的修改调整，合同内费用不做任何调整，如增减或方案修改超过 XX% 则双方根据情况另行协商。

5.2 付款进度如下：（可根据项目实际情况调整付款比例）

期数	付款条件	比例	金额
第一期	合同签订	XX%	大写：人民币 X 万 X 仟 X 佰 X 拾 X 圆整 小写：￥ XXXXX 元整
第二期		XX%	大写：人民币 X 万 X 仟 X 佰 X 拾 X 圆整 小写：￥ XXXXX 元整
第三期		XX%	大写：人民币 X 万 X 仟 X 佰 X 拾 X 圆整 小写：￥ XXXXX 元整

5.3 双方委托银行代付代收有关费用。

5.4 甲方项目部付款时，如要求提供发票，乙方应先提供真实有效的等额发票（在约定含税的前提下），否则甲方有权拒绝付款并不承担违约责任。

5.5 双方账户信息如有调整，应及时通知对方调整的新账户信息，应有原账户证明确认，并以对方确认收到为准，如因此造成付款延误付款方不承担违约责任。

5.6 以上合同预付款抵作设计费。

5.7 以上款项，甲方以银行转账的方式支付。

5.8 甲方开票信息：（根据项目实际签订公司开具发票）

公司名称：

统一社会信用代码：

账　　号：

开 户 行：

地址及电话：

5.9 乙方收款信息：

开 户 名：

开户账号：

开户银行：

6 甲方责任

6.1 向乙方提交基础资料及文件。

6.2 在合同履行期间，甲方要求终止或解除合同，乙方未开始设计工作的，退还甲方已付的定金；已开始设计工作的，甲方应根据乙方已进行的实际工作量，不足一半时，按该阶段设计费的一半支付；超过一半时，按实际工作量支付设计费。

7 乙方责任

7.1 乙方应按国家规定和合同约定的技术规范、标准进行设计，按本合同规定的内容、时间及份数向甲方交付设计文件，并对其完整性、正确性、适用性、经济合理性及时限负责。

7.2 乙方对设计文件出现的遗漏或错误负责无条件修改或补充。由于乙方设计错误造成的设计返工或工程质量事故损失，乙方应负责采取补救设计及相关修改，免收该部分及相关修改的设计费。给甲方造成的损失乙方须负连带责任，依据项目损失情况进行全额赔偿。

7.3 由于乙方原因，延误了设计文件交付时间，并因此给甲方造成损失的，乙方应赔偿甲方所有直接损失。

7.4 合同生效后，乙方要求终止或解除合同，乙方应返还甲方已支付的所有款项。若因此给甲方造成损失，乙方还应全额赔偿。

7.5 作为方案设计师，应无条件配合甲方的管理，对本项目所涉及的设计及其他相关设计提出合理化建议，并交甲方参考审核。

7.6 如不是因为甲方的方案、设计范围发生变化而引起的设计调整，乙方应无条件修正更改，不得推诿。

7.7 其他（根据项目来调整）。

8 设计人员

8.1 在本项目设计过程中，未经甲方同意，不得私自外包；乙方应保证设计人员的稳定性，不得擅自更换专业负责人以上级别的设计人员。在确实需要更换人员情况下，乙方需向甲方说明情况，并经甲方书面认可，乙方不得以人员更换为由而无故延误与甲方项目部所约定的设计要求及工期。

8.2 如乙方设计人员变更后新设计人员资历和能力达不到原设计人员水平，甲方有权要求酌情降低设计费用。如属核心设计人员变更导致乙方的设计达不到设计要求，甲方有权终止合同，并不再支付未支付的设计费用。

8.3 甲方指派　XXX　作为甲方项目代表，负责与乙方联络并确认全面的工作安排事宜。

甲方指派　XXX　作为甲方技术代表，负责与乙方联络并确认技术方面的工作事宜。

甲方联系人电话：＿＿＿＿＿＿＿＿＿＿　邮箱：＿＿＿＿＿＿＿＿＿＿　QQ 号：＿＿＿＿＿＿＿＿＿＿

乙方指派　XXX　作为乙方代表，负责与甲方联络并确认技术及工作安排的工作事宜。

乙方指派　XXX　作为乙方应急联络代表，负责在乙方代表联系不上的情况下与甲方对接。

乙方联系人电话：_____ 邮箱：_____ QQ 号：_____

双方代表如发生变更，需书面通知对方。

9 设计变更

设计变更是指乙方对根据甲方要求已完成的设计文件进行改变和修改。设计变更包含由于乙方原因和非乙方原因的变更。

9.1 设计变更流程

9.1.1 由乙方提出的设计变更，应征得甲方同意后方可进行设计变更。

9.1.2 非乙方原因进行的设计变更，自接到甲方书面通知后，在符合相关规范和规定的前提下，乙方应当进行设计变更，相关费用由双方协商确认。

9.2 设计变更费用

9.2.1 一般性修改（包括对设计方案进行多次调整）乙方不收取变更设计费，但若甲方对确认后的设计方案要求作大调整，甲方应向乙方支付相应的费用，具体数量双方协商确定。

9.2.2 因乙方原因造成的修改设计、变更设计、补充设计及在原定设计范围内的必要设计，无论工作量增幅大小，由乙方负责并自行承担相关设计费用。

9.3 设计变更引起的工期变更

9.3.1 非乙方原因引起重大设计变更，以致造成乙方设计进度时限的推迟，双方另行协商变更工期。

9.3.2 乙方原因（除不可抗力外）导致的设计变更，乙方应尽量在不影响项目建设工期的前提下提交设计资料。如因此导致建设工期延误，按本合同 7.3 条的约定执行。

9.3.3 一切以协议为准。

10 知识产权

10.1 著作权的归属：乙方为履行本合同而完成的全部设计成果的所有权、著作权等知识产权均归甲方。

乙方对其设计成果及文件成果享有署名权，但不得侵犯和泄露甲方任何商业机密。

10.2 未经甲方同意，乙方不得将设计复制于本项目范围以外的户型上及将乙方交付给甲方的设计文件向第三方转让，如发生以上情况，甲方有权索赔。

10.3 乙方应保证设计工作不侵犯任何第三方的知识产权，由此引发的争议均由乙方承担全部责任，一切与甲方无关。

10.4 若因乙方原因解除合同，则甲方可以继续使用乙方施工图纸等资料或作品，甲方不因此对乙方承担任何知识产权的侵权或违约责任。

10.5 因乙方原因或不可抗力的因素造成的合同终止或合同暂停，对已付费设计成果的所有权、著作权等知识产权均归甲方所有。

11 保密条款

11.1 乙方承诺，未经甲方书面同意，乙方不得将甲方提供的任何资料（包括但不限于项目信息、商业秘密等）及本项目的任何工作成果、设计资料用作本合同以外的用途，且不能向第三方泄露所知悉的商业秘密。乙方应对本合同内容及合作中知悉的甲方商业秘密进行保密，未经甲方书面同意，不得向第三方泄露。否则甲方有权随时终止合同，并要求乙方承担相当于本合同价款的违约金，违约金不足以抵扣甲方损失的，甲方有权另行向乙方追索由此而引起的所有经济损失。

11.2 保密条款为永久性有效条款，不因合同终止而失效。

11.3 本合同解除或者终止时，乙方应当立即停止使用甲方提供的一切相关资料，同时应当按照甲方的要求，将资料予以删除或销毁。

11.4 乙方应履行的其他保密义务。

12 争议解决方式

12.1 双方因履行本合同发生的任何争议，甲方与乙方应及时友好协商解决，协商不成的，向 XXXX 仲裁院申请仲裁解决。

13 合同生效及其他

13.1 甲方要求乙方派专人长期驻施工现场进行配合与解决有关问题时，双方应另行签订技术咨询服务合同。

13.2 由于不可抗力因素致使合同无法履行时，双方应及时协商解决。

13.3 本合同双方签字盖章即生效，一式肆份，甲方贰份，乙方贰份，具同等法律效力。

13.4 双方认可的来往传真、电报、会议纪要等，均为合同的组成部分，与本合同具有同等法律效力。

13.5 未尽事宜，经双方协商一致，签订补充协议，补充协议与本合同具有同等效力。

13.6 附件

（企业提交资料）

13.6.1 公司营业执照

13.6.2 授权委托书

13.6.3 法人代表身份证复印件

13.6.4 被委托人身份证复印件

13.6.5 主要设计人员名单及资料

（个人提交资料）

13.6.6 主要负责人身份证复印件

13.6.7 报价函

（以下无正文）

甲方名称（盖章）：　　　　　　　　　　　　乙方名称（盖章）：

法定代表人：（签字）＿＿＿＿＿＿＿　　　　法定代表人：（签字）＿＿＿＿＿＿＿

委托代理人：（签字）＿＿＿＿＿＿＿　　　　委托代理人：（签字）＿＿＿＿＿＿＿

住　　　所：　　　　　　　　　　　　　　　住　　　所：

邮政编码：　　　　　　　　　　　　　　　　邮政编码：

电　　话：　　　　　　　　　　　　　　　　电　　话：

传　　真：　　　　　　　　　　　　　　　　传　　真：

开户银行：　　　　　　　　　　　　　　　　开户银行：

银行账号：　　　　　　　　　　　　　　　　银行账号：

开　户　人：　　　　　　　　　　　　　　　开　户　人：

合同签订日期：　　　　　年　　　月　　　日

3.5.13【XX项目】管理关键信息表

【XX项目】管理关键信息表

项目名称及编号			XX户型样板房软装实施项目	
序号	目录			
1	*项目名称/项目编号		XX户型样板房软装实施项目	
2	项目简称		XX户型软施	
3	*开始时间		20XX年XX月XX日	
4	*结束时间		20XX年XX月XX日	
5	项目地点		XXXX	
6	委托方名称		XX有限公司	
7	甲方联系人/联系方式		XXX/136XXXXXXXX	
8	合同总金额		XXX元	
9	*项目业态		样板房	
10	项目类别		样板房	
11	项目服务面积		XX平方米	
12	项目使用性质		永久	
13	服务形式		软施	
14	*工作服务阶段		方案深化设计；定制采购设计；软装摆场	
15	CAD方案模块确认			
16	*设计取费（是否战略价）		是	
17	建设管理费		/	
18	是否需要摄影		/	
19	是否需要推广		/	
启动会分表关键信息汇总				
	分表名称	是否存在	分表重点内容	
20	项目概况	√	甲方提资	按甲方效果图出深化方案，给出故事线
21	项目架构干系图	√	项目经理	XXX
22	项目管理全景计划	√	时间周期	20XX年XX月XX日至20XX年XX月XX日
23	*项目分包资源计划表	√	分包资源数量	分包数量：XX个
				分包金额：XXXXXX
				分包成本占比：XX%
26	设计项目工作分配干系图		总工时	
27	*套标项目管控表		套标方案类别	
			甲方是否要求升级	
			对标项目名称	
			对标优化比例	
31	*效果图出图管控表		原创/套标	
32	*施工图应用标准	施工图排版计划表（采用20XX年X版本）	A2/A3	
		甲方版本	A2/A3	
34	项目甲方架构干系图	√	甲方联系人数量	总__人，XXX、XXX
35	*项目运营费用统计表	√	项目总成本占比	XX%
36	精装设计项目经理委任书	√	项目经理是否签字	是
37	OSS存储	√		
38	是否已建内、外部工作沟通群	√	是	
制表人：XXX			填表人：XXX	

3.5.14【XX 项目】甲方架构干系图

【XX 项目】甲方架构干系图

姓名	岗位

3.5.15【XX 项目】架构干系图

【XX 项目】架构干系图

姓名		职责	电话	邮箱
甲方对接人	XXX	商务对接	XXXX	XX@XXXX
甲方对接人	XXX	设计对接	XXXX	XX@XXXX
乙方商务对接人	XXX	商务代表	XXXX	XX@XXXX
方案设计	XXX	项目技术负责人	XXXX	XX@XXXX
方案设计	XXX	设计师	XXXX	XX@XXXX
项目主管	XXX	项目管理	XXXX	XX@XXXX

续图

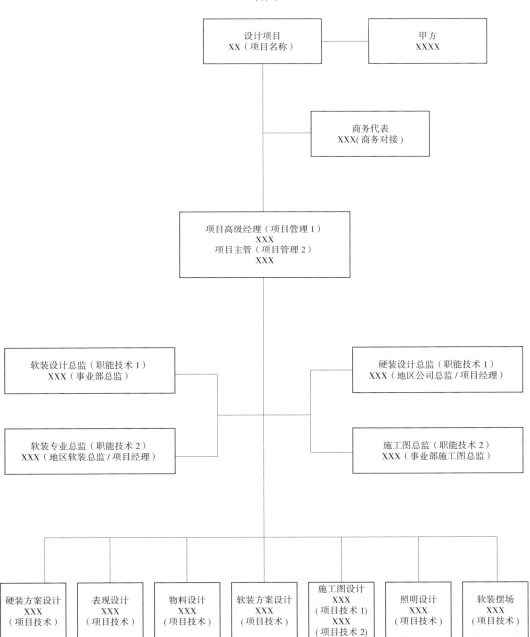

3.5.16【XX 项目】管理全景计划（设计）

XX 项目管理全景计划

工作阶段及内容					全景计划 20XX/XX/XX
序号	阶段名称	工作内容	参与人员	计划时间	X日 X日 X日 X日 X日 X日 X日 X日 X日 X日 X日 X日 X日
1	分项汇总	立项总用时			
		设计总用时			
		启动会			
		软装概念方案			
		软装清单			
		深化方案设计			
		软装定制阶段			
		软装收货、物流运输、摆场、交场			
2	方案设计阶段	方案设计	项目启动会		
			软装概念方案		
			软装清单		
			审核		
			提交		
			深化设计排版		
			深化设计汇报 / 甲方反馈		
4	定设计阶段	定制采购文本设计	选家具面料、窗帘面料		
			选木饰面 / 打板		
			定制软装清单并发厂家询价		
			根据报价筛选厂家并确定厂家		
			寄样给甲方		
			反馈照明、电源、挂饰定位设计意见予甲方		
			定制采购文本初稿		
		家具	家具合同		
			家具加工图初稿		
			家具加工图修改		
			家具物料最终选定		
		饰灯	饰灯合同		
			饰灯加工图初稿		
			饰灯加工图修改		
			饰灯物料选定		
		窗帘	窗帘合同		
			窗帘细化方案（布料、配件）确定		
		雕塑	雕塑合同		
			雕塑加工图初稿		
			雕塑加工图修改		
			雕塑小样确定		

续表

序号	阶段名称	工作内容	参与人员	计划时间	20XX/XX/XX
	工作阶段及内容				**全景计划**
4	定设计阶段	饰画 — 饰画合同			
		确定画框与装裱设计方案			
		订制采购设计文本制作（最终）			
		定制采购文本最终稿/甲方确认			
5	定制阶段	家具定制 — 家具制作			
		确定布料数量并采购			
		与业主确定家具白胚			
		成品发货			
		饰灯定制 — 饰灯制作			
		与业主确定半成品			
		成品发货			
		窗帘定制 — 窗帘制作			
		确定布料数量并采购			
		成品发货			
		雕塑定制 — 雕塑制作			
		成品发货			
		饰画定制 — 饰画制作			
		半成品确认			
		成品发货			
6	饰品采购阶段	线上采购 — 饰品采购清单			
		价格对比			
		下单发货			
		二次发货			
		线下采购 — 采购清单			
		实体店选购并梳理报价清单			
		发货			
7	进场	摆场阶段 — 二次发货			
		收货			
		摆场			
		交场			
		拍摄			
8	后期跟踪				

备注：可用颜色色块标注国家法定节假日、周六、周日、计划时间节点、企业假期、实际完成时间节点、工作修改时间等关键节点。

3.5.17【XX 项目】财务与指标管理表

合创方黄软施（售楼部 XX 类）项目财务与指标管理表

合同签订公司		合同名称		税率		合同已回款		预计回款时间			
								第一笔（XX 月 XX 日）	第二笔（XX 月 XX 日）		
合同面积		合同单价		合同已开票							
序号	分类项目	分类子项	（平均）单价	数量	分项小计（含税）	%	预算调整	调整后合计	%	预计支付费用	实际发生费用合计	剩余费用
										XX 日定金 / XX 日第一笔		
1	项目工时 A	软施概念方案阶段	分/子公司设计 1	___工时 × ___职级 工时单价 = ___元								
			分/子公司设计 2	___工时 × ___职级 工时单价 = ___元								
		软施深化方案阶段	分/子公司设计 1	___工时 × ___职级 工时单价 = ___元								
			分/子公司设计 2	___工时 × ___职级 工时单价 = ___元								
		软施定制采购设计阶段	分/子公司设计 1	___工时 × ___职级 工时单价 = ___元								
			分/子公司设计 2	___工时 × ___职级 工时单价 = ___元								
		软施安装摆放阶段	分/子公司设计 1	___工时 × ___职级 工时单价 = ___元								
			分/子公司设计 2	___工时 × ___职级 工时单价 = ___元								
		延时津贴	分/子公司设计 N	___工时 × ___职级 工时单价 = ___元								
		小计										
		合同面积分类均价										
2	家具 B1(单位：元/件)	定制类	主类									
			次类									
			专项类									
		分项小计										
		成品类	主类									
			次类									
			专项类									
		分项小计										
		分项合计										
		合同面积分类均价										

续表

合同签订公司	合同名称			税率		合同已回款		预计回款时间			
								第一笔（XX 月 XX 日）	第二笔（XX 月 XX 日）		
合同面积	合同单价			合同已开票							
序号	分类项目	分类子项		（平均）单价	数量	分项小计（含税）	％	预算调整	调整后合计	％	预计支付费用	实际发生费用合计	剩余费用
											XX 日定金	XX 日第一笔		

序号	分类项目	分类子项		（平均）单价	数量	分项小计（含税）	％	预算调整	调整后合计	％	XX日定金	XX日第一笔	实际发生费用合计	剩余费用
3	饰灯B2(单位：元/件)	定制类	主类											
			次类											
			专项类											
		分项小计												
		成品类	主类											
			次类											
			专项类											
		分项小计												
		分项合计												
		合同面积分类均价												
4	饰画B3(单位：元/幅)	定制类	主类											
			次类											
			专项类											
		分项小计												
		成品类	主类											
			次类											
			专项类											
		分项小计												
		分项合计												
		合同面积分类均价												
5	饰品A(标准化)B4(单位：元/组)	分空间1（前厅）	分组1（接待台）											
			分组2（中/边台）											
			分组N（XX）											
		分项小计												
		分空间2（洽谈区）	分组1（洽谈桌）											
			分组2（茶角几）											
			分组3（沙发）											
			分组N（XX）											
		分项小计												

续表

合同签订公司		合同名称		税率		合同已回款	预计回款时间			
							第一笔（XX月XX日）	第二笔（XX月XX日）		
合同面积		合同单价		合同已开票						

序号	分类项目	分类子项		（平均）单价	数量	分项小计（含税）	%	预算调整	调整后合计	%	预计支付费用		实际发生费用合计	剩余费用
											XX日定金	XX日第一笔		
5	饰品A(标准化)B4(单位：元/组)	分空间3（VIP室）	分组1（边柜）											
			分组2（茶角儿）											
			分组3（沙发）											
			分组N（XX）											
		分项小计												
		分空间4（吧台区）	分组1（酒柜）											
			分组2（吧台）											
			分组N（XX）											
		分项小计												
		分项合计												
		合同面积分类均价												
6	饰品B（比案选价）B5(单位：元/组)	分空间5（卫生间）	分组1（玄关台）											
			分组2（洗手台）											
			分组N（XX）											
		分项小计												
		分空间6（儿童区）	分组1（书架）											
			分组2（活动区）											
			分组3（设施）											
			分组N（XX）											
		分空间N（XX）	分组N（XX）											
		分项小计												
		分项合计												
		合同面积分类均价												

续表

合同签订公司	合同名称		税率		合同已回款	预计回款时间			
						第一笔（XX 月 XX 日）		第二笔（XX 月 XX 日）	
合同面积	合同单价		合同已开票						

序号	分类项目	分类子项	（平均）单价	数量	分项小计（含税）	%	预算调整	调整后合计	%	预计支付费用		实际发生费用合计	剩余费用
										XX 日定金	XX 日第一笔		
7	织物 B6	地毯（单位：元/平方米） 定制类											
		成品类											
		分项小计											
		窗帘 主类窗帘（单位：元/平方米）											
		主类部品（单位：元/窗）											
		次类产品（单位：元/平方米）											
		次类部品（单位：元/窗）											
		分项小计											
		分项合计											
		合同面积分类均价											
8	图文制作 C1	文本打印制作											
		施工图（蓝图）											
		文本打印制作											
		小计											
9	设计分包 C2	效果图费											
		照明设计											
		建模设计											
		概念方案											
		深化方案											
		定制采购设计											
		小计											

续表

合同签订公司		合同名称		税率		合同已回款	预计回款时间			
							第一笔（XX 月 XX 日）	第二笔（XX 月 XX 日）		
合同面积		合同单价		合同已开票						

序号	分类项目	分类子项	（平均）单价	数量	分项小计（含税）	%	预算调整	调整后合计	%	预计支付费用		实际发生费用合计	剩余费用
										XX 日定金	XX 日第一笔		
10	差旅 D1	软装摆场	项目技术1	食宿：__人 × __天 × __元 / 人·天 = __元	3								
				飞机 / 高铁：__人 × 次 × __元 / 人·天 = __元									
			项目技术2	食宿：__人 × __天 × __元 / 人·天 = __元	3								
				飞机 / 高铁：__人 × 次 × __元 / 人·天 = __元									
		小计											
		合同面积分类均价											
11	劳务服务分包 D2	搬运费	搬运：__人 × __天 × __元 / 人·天 = __元										
			饰画 / 壁挂 / 雕塑安装：__件 × __元 / 件 = __元										
			窗帘安装：___幅 × __元 / 幅 = __元										
			吊灯 / 壁灯安装：__盏 × __元 / 盏 = __元										
		小计											
		合同面积分类均价											
12	物流 D3（单位：车 / 长 / 米）												
13	清理保洁 D4（单位：元 / 平方米）												
14	D5 其他												
15	产品总成本 E（单位：元 / 项目）		E=B1+B2+B3+B4+B5+B6										
16	项目总成本 F（单位：元 / 项目）		F=A+E+D1+D2+D3+D4+D5										
17	项目总成本单价 G（单位：元 / 平方米）	G=F/ 套内面积											

注：

售楼部分类	A ≤ 450 平方米		B>450 平方米	
	A1 层高 ≤ 3 米	A2 层高 > 3 米	B1 层高 ≤ 3 米	B2 层高 > 3 米

3.5.18【XX 项目】分包资源计划表

【XX 项目】分包资源计划表

项目名称	XXXXXX 项目		项目编号	
业态	售楼处 / 样板房 / 公区		项目经理	
服务形式	A 创新项目 /B 套标优化项目 /C 套标复制项目			
分包类别 〈分包〉	合作方名称 / 联系人 / 联系方式 （如非战略合作，需提供 3 个供应商招标询价）		战略 / 非战略	备注
*效果图	分包单位名称			
	套标项目是否原单位绘制	□是　■否		
	经过与贵司沟通，根据贵司与我司签订的战略合作协议的约定，现将该项目效果图设计委托贵司绘制，主要服务内容如下：（套标项目需找原来单位绘制）			
	区域	数量	完成时间	参考报价
	客厅		20XX 年 XX 月 XX 日	
	餐厅		20XX 年 XX 月 XX 日	
方案设计	/			
水电设计	/			
暖通设计	/			
照明设计	/			
园艺设计	/			
暖通	/			
给排水	/			
强弱电	/			
建筑门窗	/			
智能化	/			
新风	/			
消防图	/			
地暖	/			
空调	/			
楼梯	/			
结构	/			
固装加工图方案	/			
施工图设计	/			
图文制作设计	/			
家具定制采购	/			
灯饰定制采购	/			
窗帘定制采购	/			
地毯定制采购	/			
床品定制采购	/			
饰画定制采购	/			
雕塑定制采购	/			
饰品定制采购	/			
物流	/			
安装摆场	/			

3.5.19【XX 项目】经理委任书

【XX 项目】精装设计 / 软装实施项目经理委任书

任务委托方：XX 有限公司

1. 项目基本信息

项目名称	项目编号	合同 / 报价金额	预备 / 正式启动日期	预计交付日期

说明：1. 本项目工作时间计算从 20XX 年 XX 月 XX 日至项目结案，余下工作量约定为项目＿＿＿ %。

2. 合同最终金额以结案会议确定为准。

2. 工作职责

接受公司委派的精装设计 / 软装实施相关业务。

2.1 根据公司与客户签订的业务合同负责对等的责权利。

2.2 制定项目计划：业务成果交付 (质量和数量)/ 时间进度 / 人员配置 / 财务管理。获审批后执行。

2.3 负责与甲方沟通、协调，充分了解甲方要求并解决全部业务问题。

2.4 遵守公司管理 / 事业中心制定的相关管理制度 / 规定 / 标准等（包括不定期更新，详见公司云存储服务端）。

3. 工作权限

对项目成员的选择、工作安排和考核权，对批准的项目计划的监督与实施权。

4. 激励管理

本项目按 XX% 计算集团管理费，相关说明详见"地产精装设计 / 软装实施项目经理半年度奖金管理办法"。

5. 奖惩管理

5.1 地产精装设计 / 软装实施项目管理规定

5.2 员工个人 / 团队奖罚星制度

5.3 绩效考核管理制度

5.4 项目经理半年度奖金管理办法

6. 附件

6.1XXXX 合同

任务受托方（签名）：XXXX

身份证号码：XXXX

联系电话：XXXX

签署日期：XXXX

3.5.20【XX 项目】请款函

XX 有限公司（根据项目合同调整为对应公司）

日期 DATE	20XX 年 XX 月 XX 日	发文人电话 SENDER TEL.	XXXXXXXX
致 TO	XX 公司	发文人 FROM	XXX
收文人 ATTENTION	XXX	签发人 CHECKED	XXX
页数 PAGES	共 X 页 (含本页)	发件人邮箱 E—mail	XX@XXXX

【XX 项目】请款函

您好！首先感谢您及贵司对我司的信任，我司对有机会为【XX 项目】提供相关专业服务倍感荣幸。根据 20XX 年 XX 月双方签订的题述项目【XXX 室内装饰设计合同】书第 2 付款程序第 2.2 条，甲方的付款条件、付款比例、付款金额如下表所示：

金额	比例	付款条件
￥XXXX 元整	总价款 XX%	甲、乙双方签订合同后，且乙方的软装配置方案经甲方书面确认后
￥XXXX 元整	总价款 XX%	乙方完成所有摆设工作并经甲方验收合格后
￥XXXX 元整	总价款 XX%	软装保修费用（自甲方验收合格之日起半年后）

甲、乙双方签订合同后，且乙方完成所有 XXX 工作并经甲方验收合格后支付合同金额的 XX%，即：￥XXXX 元。注：因第一笔发票金额不足，有￥XXXX 元未开具，故此次一并开具。即开票金额共计：￥XXXX 元（大写：XXXX 圆）。

我司现已按要求完成题述项目 XXX 工作成果提交，现请贵司支付题述项目以上款项，谢谢！

以上款项请汇至我司账户：

户　　名：XX 有限公司

账　　号：XXXX

开户银行：XXXX

以上如无不妥，请贵司及您确认签收后回传我司。谢谢！

顺祝商祺！

3.5.21【XX 项目】发票签收函

XX 有限公司（根据项目合同调整为对应公司）

日期	20XX 年 XX 月 XX 日	发文人电话	XXXXXXX
DATE		SENDER TEL.	
致	XX 公司	发文人	XXX
TO		FROM	
收文人	XXX	签发人	XXX
ATTENTION		CHECKED	
页数	共 X 页（含本页）	发件人邮箱	XX@XXXX
PAGES		E-mail	

【XX 项目】发票签收函

您好！首先感谢您及贵司对我司的信任，我司对有机会为【XX 项目】提供相关专业服务倍感荣幸。

根据双方于 20XX 年 XX 月签订的题述项目【XX 项目室内装饰设计合同】的约定及请款函，现向贵司提供相关阶段请款，金额对应发票如下。

发票号：XXXXXX

发票金额：XX 元（大写：XX 圆整）

出票日期：20XX 年 XX 月 XX 日

以上如无不妥，请贵司及您确认签收后回传我司。谢谢！

顺祝商祺！

3.5.22【XX 项目】内部考评表

设计服务情况评价			
事业中心 （XX 分）	财务中心 （XX 分）	综合管理中心 （XX 分）	商务中心 （XX 分）

说明：1. 客户满意度 ≥ XX 为优秀。
2. 客户满意度 ≥ XX 为良好。
3. 客户满意度 ≥ XX 为达标。
4. 客户满意度 < XX 为不达标。

3.5.23【XX 项目】结案概况表

【XX 项目】结案概况表

项目名称 / 项目编号：		【XX 项目】/ XXXXXXXX
项目进度时间	项目简称	XX
	开始时间	20XX 年 XX 月 XX 日
	概念方案提交时间	/
	深化方案提交时间	20XX 年 XX 月 XX 日
	项目摆场时间	20XX 年 XX 月 XX 日
	验收时间	20XX 年 XX 月 XX 日
	合同签定时间	20XX 年 XX 月 XX 日
	尾款申请时间	20XX 年 XX 月 XX 日
项目地点		XX
委托方名称		XX 有限公司
甲方联系人及联系方式		XX，136XXXXXX
合同金额		XXXX 元
项目结算金额		XXXX 元
项目立项运营金额		XXXX 元
项目实际运营金额		XXXX 元
外包单位费用是否支付完成		否
项目跟财务是否平账		是
项目业态		样板房
项目服务面积		XX 平方米
项目使用性质		永久
服务形式		软施
工作服务阶段		方案深化设计；定制采购设计；其他
设计取费		XX 元 / 平方米
甲方单位往来资料是否归档		是
丙方单位往来资料是否归档		是
项目结案情况		否

3.5.24【XX 项目】汇总结案

【XX 项目】汇总结案

客户名称	XX 有限公司			
项目名称	【XX 项目】			
合同名称	【XX 项目】合同		合同金额（元）	￥XXXX 元
业态	样板房			
服务形式	软施			
项目管理	内容	时间	开始时间	结束时间
		计划时间		
		实际时间		
项目工作内容总结				
成本核算				

3.5.25【XX 项目】分包结果质量评价表

【XX 项目】分包结果质量评价表

项目名称	XX 项目		项目编号	XXXXXXXX
合同名称	XX 合同		合同金额	￥XXXX 元
分包单位名称	XXXX 家具有限公司			
服务分类	设计类： □概念方案设计　　□深化方案设计　　□效果图设计　　□施工图设计 □定制采购设计　　□建筑　　　　　　□给排水设计　　□园艺设计 □结构　　　　　　□机电设计　　　　□智能化　　　　□消防图 产品类： ☑家具　　□灯饰　　□饰画　　□窗帘　　□地毯　　□床品 其他＿＿＿＿＿＿＿			
评价内容			总分	评价结果（意见）
技术水平	公司规模	公司规模的完整性	XX	
	产品质量	质量是否满足合同 / 法规要求	XX	
		图纸 / 清单是否完善、整洁	XX	
		物料 / 尺寸是否精准	XX	
		制作成果是否符合设计要求	XX	
服务水平	服务质量	服务是否认真负责	XX	
	服务态度	项目期间是否及时配合	XX	
	售后服务	项目后期是否积极配合	XX	
时间把控	进度是否符合合同 / 项目要求		XX	
综合评分	服务配合是否令我方 / 甲方满意		XX	
合计得分				分
备注：				

3.5.26 业主名称 + · + 项目所在城市 + 项目名称 + 软施项目成果交付清单

业主名称 + · + 项目所在城市 + 项目名称 + 软施项目成果交付清单

营销部代表：   日期：

设计部代表：   日期：

项目部代表：   日期：

物业部代表：   日期：

设计公司代表：   日期：

XX 有限公司

业主名称 + · + 项目所在城市 + 项目名称 + 软施项目成果交付清单

序号	编号	区域	位置	品名	产品图片	产品规格 W×D×H（mm）	工艺 材质	数量	单位	单价	金额	备注
					一层							
1	AW-01	客厅		三人沙发				X	件			
				抱枕				X	个			
				茶几				X	件			
				桌旗				X	个			
				鸟笼				X	个			
				托盘				X	个			
				真书				X	批			
				小摆饰				X	套			
				边几				X	件			
				小盒子				X	个			
				小椅子				X	件			
				吊灯				X	盏			
				窗帘				X	套			
			书架	仿真书				X	本			
				算盘		常规	综合材质	X	件			
				鸟笼				X	件			
				金属大摆件				X	件			
				金色摆件				X	件			
				花艺				X	盆			
				饰盒				X	个			
				水晶球				X	个			
				小鸟摆件				X	件			
				小马摆件				X	件			
				木碟子				X	件			
				小鱼				X	件			
				陶瓷摆件				X	件			
				小球				X	个			
				小人儿摆件				X	个			
				落地花艺				X	个			

续表

序号	编号	区域	位置	品名	产品图片	产品规格 W×D×H(mm)	工艺材质	数量	单位	单价	金额	备注
2	AW-02	电梯厅		边柜				X	组			
				花艺			综合材质	X	盆			
3	AW-03	接待厅		三人沙发				X	本			
				抱枕				X	批			
				茶几				X	件			
				花艺				X	盆			
				托盘				X	件			
				摆件				X	件			
				边几				X	件			
				小花艺				X	件			
				小摆件				X	件			
				单人沙发				X	件			
				书架		常规	综合材质	X	件			
				金属摆件				X	件			
				相框				X	件			
				小鸟摆件				X	件			
				花艺				X	件			
				书				X	本			
				边几				X	件			
				花艺				X	盆			
			楼梯口	雕塑				X	盆			
				落地灯				X	盏			
				窗帘				X	套			
				地毯				X	件			
4	AW-04	玄关		玄关柜				X	个			
				金属摆件				X	个			
				挂画				X	幅			

续表

序号	编号	区域	位置	品名	产品图片	产品规格 W×D×H(mm)	工艺 材质	数量	单位	单价	金额	备注
5	AW-05	餐厅		餐桌				X	件			
				餐具				X	套		X件	碟子、餐垫、筷子、勺子、杯子等
				花艺				X	件			
				餐椅				X	件			
				边柜				X	个			
				鸟笼				X	件			
				窗帘				X	套			
6	AW-06	西厨	操作台	锅				X	件			
				仿真果蔬				X	批			
				砧板				X	个			
				厨房用具				X	套			
				储物罐				X	个			
				调味料罐				X	套			
				真书				X	本			
				蛋糕				X	件			
				饮品				X	件			
				落地花艺				X	件			
				窗帘				X	套			
7	AW-07	中厨	操作台	锅				X	个			
				厨房用具				X	套			
				调味罐				X	套			
				储物罐				X	套			
				模板				X	个			
				砧板				X	个			
				干果				X	批			
				仿真果蔬				X	批			
				真书				X	本			
				鸡蛋				X	批			
				窗帘				X	套			

续表

序号	编号	区域	位置	品名	产品图片	产品规格 W×D×H（mm）	工艺材质	数量	单位	单价	金额	备注
8	AW-08	二层过道		挂画				X	幅			
9	AW-09	儿童活动室	左边书架	仿真书				X	个			
				书立				X	个			
				相框				X	个			
				英文方盒				X	个			
				木海星				X	个			
				竹编篮				X	个			
				折纸				X	个			
				真书				X	本			
				灰色盒子				X	个			
				鲸鱼摆件				X	个			
				布公仔				X	个			
				黄蓝色鸟摆件				X	个			
				蝴蝶、鸟金属摆件				X	个			
				画框				X	个			
				象棋			综合材质	X	个			
				粉红车				X	个			
				海胆球				X	个			
				挂钟				X	个			
				小摆件				X	个			
			右边书架	公仔				X	个			
				陶瓷笔				X	支			
				兔子摆件				X	个			
				陶瓷鸟摆件				X	个			
				假书				X	本			
				仙人掌				X	个			
				金属鸟摆件				X	个			
				玻璃摆件				X	个			
				女娃娃摆件				X	个			
				花艺				X	个			

续表

序号	编号	区域	位置	品名	产品图片	产品规格 W×D×H(mm)	工艺 材质	数量	单位	单价	金额	备注
9	AW-09	儿童活动室	左边书架	马摇椅				X	个			
				画板及摆件				X	套			
				桌椅				X	套			
				书				X	本			
				懒人沙发			综合材质	X	个			
				金属书架				X	个			
				积木				X	桶			
				蝴蝶卡片				X	个			
				真书				X	本			
				窗帘				X	套			
				吊灯				X	盏			
			三层玄关柜	挂画				X	幅			
				柜子			综合材质	X	件			
				鸟摆件				X	个			
				橙色盒子				X	个			
			三层阳台	花艺				X	个			
				椅子				X	个			
				桌子			综合材质	X	件			
				金属杯				X	个			
				烛台				X	个			
10	AW-10	书房	书架									
				四大名著				X	本			
				金属花盘				X	个			
				陶瓷马摆件				X	个			
				木架烛台				X	个			
				马形状书立			综合材质	X	个			
				盒子				X	个			
				金属鸟摆件				X	个			
				石英鸟摆件				X	个			
				功夫小人摆件				X	个			

续表

序号	编号	区域	位置	品名	产品图片	产品规格 W×D×H（mm）	工艺 材质	数量	单位	单价	金额	备注
10	AW-10	书房		鸟笼烛台				X	个			
				白陶罐				X	个			
				不锈钢烛台				X	个			
				茶壶				X	个			
				书				X	本			
				相框				X	个			
				金属花器				X	个			
				假书			综合材质	X	本			
			书桌	台灯				X	个			
				扇形架				X	个			
				石狮摆件				X	个			
				竹简				X	个			
				假书				X	本			
				毛笔				X	支			
				毛笔罐				X	个			
			挂画	挂画				X	个			
				书桌				X	件			
				地毯			综合材质	X	件			
				书椅				X	件			
				窗帘				X	套			
11	AW-11	家政空间		收纳篮			综合材质	X	个			
				花艺				X	件			
12	AW-12	卫生间		花艺				X	件			
				挂画				X	幅			
				洗浴用品				X	套			X件
13	AW-13	女孩房	床头柜	闹钟				X	个			
				台灯				X	件			
				床头柜			综合材质	X	件			
				花艺				X	个			
				床				X	个			

续表

序号	编号	区域	位置	品名	产品图片	产品规格 W×D×H(mm)	工艺 材质	数量	单位	单价	金额	备注
13	AW-13	女孩房	床	衣服			综合材质	X	件			
				娃娃				X	个			
				床品				X	套			X件
			书桌	娃娃				X	个			
				书桌				X	件			
				书椅				X	件			
				台灯				X	个			
				房子摆件				X	个			
			边柜	猫狗摆件				X	个			
				边柜				X	个			
				盒子				X	个			
				石英鸟摆件				X	个			
				挂画				X	个			
			卫生间	蜡烛			综合材质	X	个			
				三件套				X	件			
				窗帘				X	套			
				毛巾				X	个			
14	AW-14	四层过道		挂画				X	幅			
15	AW-15	老人房	衣柜	衣服			综合材质	X	件			
				金属摆件				X	件			
				陶瓷摆件				X	件			
				盒子				X	件			
				鞋子				X	件			
				仿真书				X	件			
				小鸟摆件				X	件			
				领带				X	件			
			茶几	桌旗			综合材质	X	件			
				陶瓷人摆件				X	件			
				茶具摆件				X	套			X件
				泡茶工具				X	件			
				陶瓷底盘				X	套			X件

续表

序号	编号	区域	位置	品名	产品图片	产品规格 W×D×H(mm)	工艺 材质	数量	单位	单价	金额	备注
15	AW-15	老人房	床头柜	台灯				X	件			
				窗帘			综合材质	X	件			
				床品				X	件			X件
				吊灯				X	件			
			卫生间	浴缸架				X	件			
				鸟摆件				X	件			
				玻璃瓶				X	个			
				卫浴套件				X	套			X件
				小毛巾			综合材质	X	件			
				浴袍				X	件			
				小地毯				X	件			
				挂画				X	件			
				窗帘				X	件			
				花艺				X	件			
16	AW-16	主卧	衣柜	衣服				X	件			
				帽子				X	件			
				鞋子				X	件			
				盒子				X	件			
				挂画				X	件			
				花艺				X	件			
				柜子				X	件			
				手提包				X	件			
			茶几	桌旗			综合材质	X	件			
				托盘组合				X	套			X件
				花艺				X	件			
				毛笔				X	件			
			沙发	茶壶				X	件			
				杯子				X	件			
				刷子				X	件			
				垫				X	件			

续表

序号	编号	区域	位置	品名	产品图片	产品规格 W×D×H(mm)	工艺材质	数量	单位	单价	金额	备注
16	AW-16	主卧		窗帘			综合材质	X	件			
			床头柜	台灯				X	件			
				床品				X	套			X件
			玄关	挂镜				X	件			
				柜子				X	件			
				盒子				X	件			
			卫生间	托盘			综合材质	X	件			
				沐浴露				X	件			
				毛巾				X	件			
				香薰				X	件			
				花艺				X	件			
				花球				X	件			
				窗帘				X	个			
				挂画				X	幅			
				小地毯				X	个			
				拖鞋				X	件			
17	AW-17	五层露台		浴袍			综合材质	X	件			
				毛巾套件				X	件			
				香薰摆件				X	套			
				烛台				X	个			
				三人沙发				X	个			
				单人沙发				X	个			
				边几				X	个			
				枕头				X	个			
				窗帘				X	套			
18	AW-18	五层过道		挂画				X	幅			
			合计:					XX	件			

3.5.27【XX 项目】软施工程现场日报

合同名称		项目编号	
进场日期		当前日期	
项目进场人员			

现场情况 区域	项目现场情况						备注
	泥水工 （%）	木工 （%）	水电工 （%）	油漆工 （%）	保洁 （%）	照片	
客厅							项目进场开始后每天填写日报电邮甲方，并抄报地区总经理、商务部、事业部
餐厅							照片需附上日期和时间，如下图所示，部分手机自带日期与地点水印，部分不带，需下载今日水印相机拍摄，使用时删除
主卧							
书房							
售楼处洽谈区							
沙盘区							
……							
……							
运输条件							
存储条件							
垃圾清运							

其他：

烦请尽快确认相关内容并联系我司人员，以便我司展开下一阶段工作。

项目负责人： 　　　　联系方式：

3.5.28 软装项目报（询）价表

3.5.28.1 软装项目报（询）价总表

序号	分项	数量	单位	分包总价	淘宝总价	备注
\<td colspan="7"\>【XX 项目】软装实施项目产品增补询价总表
1	家具					
2	灯具					
3	抱枕床品					
4	挂画					
5	饰品					
7	差旅 + 安装搬运					
A	小计			¥ XX 元		

3.5.28.2 软装项目分包商报（询）价表

产品编号	产品图片	位置	产品名称	数量	件	综合单价	小计	供货期	备注	选定款
\<td colspan="11"\>工程名称：【XX 项目】软装实施项目
PTE–01										
PTE–02										
合计					件					
含税合计					件		¥ XX 元			
选定										

3.5.28.3 软装项目淘宝报（询）价分表

产品编号	产品图片	位置	产品名称	数量	件	综合单价	小计	供货期	淘宝链接
\<td colspan="10"\>工程名称：【XX 项目】软装实施项目
PTE–01									
合计									

3.5.29 软装产品采购交付对比表

3.5.29.1【XX 项目】定制类软装产品采购交付对比表

序号	一级目录	空间	产品图片	产品名称	生产数量	金额	现场照片	甲方签收数量	甲方签收金额	未摆原因	处置办法（签收人＋联系方式）
1											
2											
3											
4											
5											
6											
7											
8											
9											
10											
11											
12											
13											
14											
15											
16											
17											
18											
19											
20											

表头：定制类软装产品采购交付对比表

续表

序号	一级目录	空间	产品图片	产品名称	生产数量	金额	现场照片	甲方签收数量	甲方签收金额	未摆原因	处置办法（签收人＋联系方式）
定制类软装产品采购交付对比表											
21											
22											
23											
24											
25											
26											
27											
28											
29											
30											
31											
32											
33											

备注：此表可以数据化管理，增加下面四类八个数值。1.甲方签收比率=A的数量比、金额比；2.遗失率=B（遗失件数／生产件数×100%）的数量比、金额比；3.运损率=C（运损件数／生产件数×100%）的数量比、金额比；4.未利用率=D=B+C（未利用件数／生产件数×100%）的数量比、金额比。

3.5.29.2【XX 项目】软装实施项目产品采购交付对比表

采购类软装产品采购交付对比表											
序号	类别	空间	产品图片	产品名称	生产数量	金额	现场照片	甲方签收数量	甲方签收金额	未摆原因	处置办法（签收人＋联系方式）
1	饰品 A	洽谈区									
2											
3											
4											
5											
6		VIP 室									
7											
8											
9											
10		深洽区									
11											
12											
13											
14											
15											
16											
17											
18		接待区									
19											
20		卫生间									

续表

采购类软装产品采购交付对比表											
序号	类别	空间	产品图片	产品名称	生产数量	金额	现场照片	甲方签收数量	甲方签收金额	未摆原因	处置办法（签收人＋联系方式）
21											
22											
23		VIP室									
24											
25											
26											
27											
28											
29											
30	饰品B										
31											
32		深治区									
33											
34											
35											
36											
37											
38											
39		儿童区									
40											

备注：此表可以数据化管理，增加下面四类八个数值：1.甲方签收比率＝A 的数量比、金额比；2.遗失率＝B（遗失件数／生产件数 ×100％）的数量比、金额比；3.运损率＝C（运损件数／生产件数 ×100％）的数量比、金额比；4.未利用率＝D＝B+C（未利用件数／生产件数 ×100％）的数量比、金额比。

3.5.30 软装实施项目投标产品询价对比表

3.5.30.1【XX 项目】软装实施项目投标产品询价对比表 A

序号	分项	分包商名称	数量	单价	总价	付款方式	工期	备注
1	家具							
2								
3								
4	灯具							
5								
6								
7	床品							
8								
9								
10	窗帘							
11								
12								
13	挂画							
14								
15								
16	雕塑							
17								
18								
19	饰品							
20	差旅＋安装搬运							

3.5.30.2【XX 项目】软装实施项目投标产品询价对比表 B

产品编号	产品图片	位置	产品名称	数量	件	综合单价	小计	供货期	备注	选定款
PTE-01		A 户客厅	坐凳	X	件	¥XX 元	¥XX 元		坐凳原尺寸：直径 500× 高度 450，重新制作尺寸：直径 400× 高度 420	
PTE-02										
合计				X	件					
含税合计				X	件		¥XX 元			
选定										

工程名称：【XX 项目】软装实施项目

3.5.31【XX 项目】甲方确认增补报价函

XX 有限公司（根据项目合同调整为对应公司）

日期 DATE	20XX 年 XX 月 XX 日	发文人电话 SENDER TEL.	XXXXXXXX
致 TO	XX 公司	发文人 FROM	XXX
收文人 ATTENTION	XXX	签发人 CHECKED	XXX
页数 PAGES	共 X 页（含本页）	发件人邮箱 E-mail	XX@XXXX

关于【XX 项目】
变更清单确认函

您好！首先感谢您及贵司对我司的信任，我们对有机会为题述项目提供相关专业服务倍感荣幸。

根据 XX 年 XX 月 XX 签订的 XX 合同，我们 XX 月 XX 日 XX 的会议决议，提起增加以下清单内容，工期：_____。

此协议的费用安排为：_____，确认后：_____，发货前：_____。

（后附表格）

请贵公司批准为盼

感谢您的帮助与支持！

顺祝商祺！

名词解释

1.SOP 是 Standard Operating Procedure 三个单词首字母的大写，即标准作业程序，指将某一事件的标准操作步骤和要求以统一的格式描述出来，用于指导和规范日常的工作。SOP 的精髓是将细节进行量化，通俗地讲，SOP 就是对某一程序中的关键控制点进行细化和量化。实际执行过程中 SOP 核心是符合本企业要求并可执行，不流于形式。本书特指泳道流程图。

2. 办公自动化（Office Automation，简称 OA）是将现代化办公和计算机技术结合起来的一种新型的办公方式。办公自动化没有统一的定义，凡是在传统的办公室中采用各种新技术、新机器、新设备从事办公业务，都属于办公自动化。通过实现办公自动化，或者说实现数字化办公，可以优化现有的管理组织结构，调整管理体制，在提高效率的基础上，提高协同办公能力，强化决策的一致性。本书特指钉钉流程。

3.OSS 是一个综合的业务运营和管理平台，同时也是融合了传统 IP 数据业务与移动增值业务的综合管理平台。OSS 是电信运营商一体化、信息资源共享的支持系统，它主要由网络管理、系统管理、计费、营业、账务和客户服务等部分组成，系统间通过统一的信息总线有机整合在一起。